高职高专土建专业"互联网+"创新规划教材

全新修订

建筑工程BIM技术应用教程

主　编　成丽媛
副主编　张东晶　孙诗哲　张　丽
　　　　李　震　李雪莲
主　审　王　政

内容简介

本书反映了国内 BIM 技术应用的最新动态，结合工程实例，系统地阐述了 BIM 技术应用的主要内容，包括 BIM 概述、建筑 BIM 模型的创建、结构 BIM 模型的创建、机电 BIM 模型的创建、BIM 4D 的应用、BIM 5D 的应用、BIM 深化运用等。

本书采用全新体例编写，除附有大量工程案例外，还增加了知识导入、特别提示及想一想、做一做等模块。此外，每章还附有巩固与拓展供读者思考、练习。通过对本书的学习，读者可以掌握建设工程 BIM 技术的基本理论和操作技能，具备独立完成建设工程 BIM 技术应用的能力。

本书既可作为高职高专院校建筑工程类相关专业的教材和指导书，也可作为土建施工类及工程管理类专业的培训教材，还可为备考 BIM 应用等级考试人员提供参考。

图书在版编目(CIP)数据

建筑工程 BIM 技术应用教程/成丽媛主编. —北京：北京大学出版社，2020.10
高职高专土建专业"互联网+"创新规划教材
ISBN 978-7-301-31611-5

Ⅰ. ①建… Ⅱ. ①成… Ⅲ. ①建筑设计—计算机辅助设计—应用软件—高等职业教育—教材 Ⅳ. ①TU201.4

中国版本图书馆 CIP 数据核字(2020)第 174046 号

书　　　　名	建筑工程 BIM 技术应用教程 JIANZHU GONGCHENG BIM JISHU YINGYONG JIAOCHENG
著作责任者	成丽媛　主编
策 划 编 辑	杨星璐
责 任 编 辑	赵思儒　刘健军
数 字 编 辑	蒙俞材
标 准 书 号	ISBN 978-7-301-31611-5
出 版 发 行	北京大学出版社
地　　　　址	北京市海淀区成府路 205 号　100871
网　　　　址	http://www.pup.cn　新浪微博：@北京大学出版社
电 子 信 箱	编辑部：pup6@pup.cn　总编室：zpup@pup.cn
电　　　　话	邮购部 010-62752015　发行部 010-62750672　编辑部 010-62750667
印 刷 者	天津中印联印务有限公司
经 销 者	新华书店
	787 毫米×1092 毫米　16 开本　17 印张　404 千字 2020 年 10 月第 1 版　2023 年 11 月全新修订　2023 年 11 月第 3 次印刷
定　　　　价	52.00 元

未经许可，不得以任何方式复制或抄袭本书之部分或全部内容。
版权所有，侵权必究
举报电话：010-62752024　电子信箱：fd@pup.pku.edu.cn
图书如有印装质量问题，请与出版部联系，电话：010-62756370

前言 Preface

本书为北京大学出版社"高职高专土建专业'互联网+'创新规划教材"之一，应21世纪职业技术教育发展需要，培养建筑行业BIM技术专业技术管理应用型人才，我们结合BIM前沿的技术和管理方法编写了本书。

本书突破了已有相关教材的知识框架，注重理论与实践相结合，采用全新的编写体例，内容丰富，案例翔实，并附有多种类型的习题供读者练习。在本次修订中，融入党的二十大精神，全面贯彻党的教育方针，把立德树人融入本教材，贯穿思想道德教育、文化知识教育和社会实践教育各个环节。

本书内容包含大量知识点，可按照56~80学时进行安排，推荐学时分配如下。

阶段	内容	推荐学时
项目0	BIM概述	2学时
项目1	建筑BIM模型的创建	14~18学时
项目2	结构BIM模型的创建	6~10学时
项目3	机电BIM模型的创建	18~24学时
项目4	BIM 4D的应用	6~8学时
项目5	BIM 5D的应用	8~12学时
项目6	BIM深化运用	2~6学时

教师可根据不同的专业灵活安排学时，课堂重点讲解每章主要知识模块，章节中的知识导入、应用案例和习题等模块可安排学生课前阅读和课后练习。例如，建筑工程专业可以重点学习本书项目0、项目1、项目2、项目4、项目6；机电工程专业可重点学习项目3、项目4；工程造价专业可重点学习项目1、项目2、项目4、项目5；等等。

本书由威海职业学院成丽媛担任主编，威海职业学院张东晶、孙诗哲、张丽、李雪莲担任副主编，威海职业学院王政担任主审。全书由成丽媛负责统稿，王政审核，具体编写分工为：成丽媛编写项目0和项目6，张东晶编写项目1和项目4，编写项目2，孙诗哲编写项目3任务3.1、3.2、3.6、3.7和项目5，张丽编写项目3任务3.4、3.5，李雪莲编写项目3任务3.3。此外，威海职业技术学院郭平、陈翔宇、张敏、宋丽萍、杨园园、邱亚宁、宋潇潇、赵迪在资料收集和文字录入过程中付出了努力，在此一并表示感谢！

本书在编写过程中，参考和引用了国内外大量文献资料，在此谨向相关作者表示感谢。由于编者水平有限，本书难免存在不足和疏漏之处，敬请各位读者批评指正。

编者
2023年

资源索引

目录

项目 0　BIM 概述
- 任务 0.1　BIM 的初步认识 …………… 2
- 任务 0.2　BIM 技术在建筑工程全生命周期中的应用 …… 3
- 任务 0.3　BIM 技术所应用的软件 … 7
- 任务 0.4　BIM 模型标准 ………… 10

项目 1　建筑 BIM 模型的创建
- 任务 1.1　创建建筑样板 ………… 16
- 任务 1.2　创建建筑构件 ………… 31
- 任务 1.3　创建体量模型 ………… 53
- 任务 1.4　创建场地模型 ………… 62
- 任务 1.5　创建族样板 …………… 65
- 任务 1.6　创建方案样板 ………… 73
- 任务 1.7　创建建筑明细表 ……… 78
- 任务 1.8　创建出图样板 ………… 81
- 任务 1.9　建筑 BIM 模型后处理 … 83

项目 2　结构 BIM 模型的创建
- 任务 2.1　创建结构样板 ………… 96
- 任务 2.2　创建结构构件 ………… 102
- 任务 2.3　绘制钢筋 ……………… 119
- 任务 2.4　创建结构明细表 ……… 127

项目 3　机电 BIM 模型的创建
- 任务 3.1　创建机械样板 ………… 134
- 任务 3.2　创建风管模型 ………… 144
- 任务 3.3　创建给排水模型 ……… 160
- 任务 3.4　创建电气模型 ………… 179
- 任务 3.5　创建综合管线 ………… 193
- 任务 3.6　创建机电明细表 ……… 199
- 任务 3.7　创建机电族 …………… 203

项目 4　BIM 4D 的应用
- 任务 4.1　整合模型 ……………… 213
- 任务 4.2　创建集合 ……………… 215
- 任务 4.3　生成碰撞检查报告 …… 216
- 任务 4.4　模型动态检查 ………… 219
- 任务 4.5　模拟建造 ……………… 222

项目 5　BIM 5D 的应用
- 任务 5.1　整合模型 ……………… 230
- 任务 5.2　管理进度 ……………… 237
- 任务 5.3　管理预算文件 ………… 244

项目 6　BIM 深化运用
- 任务 6.1　BIM 与结构分析 ……… 251
- 任务 6.2　BIM 与绿色建筑 ……… 263

参考文献 ………………………… 268

项目 0　BIM 概述

学习目标

知识目标	技能目标	素质目标
1. 了解 BIM 的定义发展状况 2. 了解 BIM 技术在建筑全生命周期的应用情况 3. 了解 BIM 技术所应用的软件 4. 了解 BIM 模型创建标准	1. 能够掌握各种 BIM 模型创建标准 2. 能够掌握至少三种 BIM 软件的安装方法 3. 能够了解至少三种 BIM 软件 4. 有学习新技术的能力	1. 培养辩证思维和自主学习的能力 2. 树立团队意识，培养小组和团队协同协作能力 3. 培养荣誉感和自豪感以及大国工匠的情怀 4. 能够关注行业发展和进行自己的职业规划，领会国家关于科技强国、人才强国战略思想

知识导入

党的二十大报告指出，推动战略性新兴产业融合集群发展，构建新一代信息技术、人工智能、生物技术、新能源、新材料、高端装备、绿色环保等一批新的增长引擎。BIM 技术也随之落地并蓬勃发展。BIM 是信息模型也是信息技术，它强调的是建筑全生命周期信息的收集和可持续性应用。

BIM 技术的运用在工程品质的提升、纠错和变更成本的降低、工期的缩短、跨专业的组合和沟通界面的管理等方面已发挥显著优势。信息化代表新的生产力和新的发展方向，已经成为引领创新和驱动转型的先导力量，越来越多的建筑企业也意识到必须成为技术驱动型的企业，BIM 技术就成为一门必须掌握的技术。互联网＋、智慧城市也不再是陌生的名词，它们会通过 BIM 技术这个纽带润物无声的进入了我们的生活。

任务 0.1　BIM 的初步认识

任务目标

通过本任务的学习，学生应达到以下目标。

初步了解 BIM 技术。

任务内容

通过教师讲解或者自己查阅资料，了解 BIM 技术的相关概念和领域。

实施条件

（1）教材。
（2）互联网。

BIM 全称为 Building Information Modeling，其中文含义为"建筑信息模型"，是以三维数字技术为基础，集成了各种工程信息的工程数据模型。BIM 可以为设计、施工和运营提供相互协调的、内部一致的、并可进行运算的数字信息系统。

BIM 技术指的是在工程（包括建筑物、桥梁、道路、隧道等）的全生命周期中，创建三维数字信息及其工程应用的技术。简单地说，BIM 技术就是一个在计算机虚拟空间中模拟真实工程建设，以协助建筑全生命周期（包括规划、设计、施工、运营阶段）管理的新技术、新方法与新概念（而不是常被误解的新工具）。

BIM 技术强调工程（包括建筑、交通、水利、民航等各类工程）全生命周期信息的收集和可持续性应用，静态与动态过程信息的及时掌握，3D 视觉化的呈现，跨专业、跨阶段的协同作业，几何与非几何交互的整合，微观与宏观空间交互的整合等。BIM 技术的运用，在工程品质的提升、错误与变更成本的降低、工期的缩短、跨专业的组合与沟通界面的管理等方面，已有很多成功案例，且 BIM 技术的运用仍处于持续而快速地发展进程当中。

当前 BIM 相关技术的发展大致上可以分为 BIM 信息交换标准、BIM 建模技术与 BIM 模型应用技术三方面。

1. BIM 信息交换标准

BIM 工具软件间有时需进行模型档案的转换与整合，其进行交换的标准较常见的有 IFC（Industry Foundation Class）标准，主要用于建筑规划、设计、施工及管理的信息交换；另一种则是 CIS/2 标准（CIMsteel Integration Standards），用于钢结构专业设计和制造。这两种标准都有对产品几何属性、构件相关性、整合流程及其他属性等内容的描述。

2. BIM 建模软件

对于 BIM 建模软件，国内比较常用的有 Autodesk 的 Revit 系列、Bentley Systems 的 MicroStation 系列、Graphisoft 的 ArchiCAD 及 Tekla 等，它们都有类似"参数变化引擎"（Parametric Change Engine）的功能，能使空间相关构件信息交互调整，几何元件所黏结的属性资料也有独立的资料库处理引擎来管理庞杂的模型信息。

3. BIM 模型应用技术

BIM 模型应用技术涵盖建筑工程全生命周期的所有管理与运用，目前 BIM 的运作技术多数聚焦在三维（3D）视觉化的软件和硬件效能的提升、实体碰撞检查、云端服务器的提供与应用、跨专业协同作业、跨阶段的整合交付等，如图 0.1 所示。

图 0.1 BIM 软件的三个层次

BIM 的信息交换标准必须要将 BIM 技术应用于建筑工程全生命周期中才能观察其运用模式并反映实际需求。现阶段 BIM 技术的知识体系仍在快速发展，建模技术和模型的管理应用技术随着信息科技的进步日新月异，从云端运算到大数据的应用都有无穷的发展潜力，因此我们学习 BIM 技术必须要理论结合实践。

任务 0.2　BIM 技术在建筑工程全生命周期中的应用

任务目标

通过本任务的学习，学生应达到以下目标。
掌握 BIM 技术在建筑全生命周期中的应用。

BIM 技术在建筑全生命周期的运用

任务内容

学习掌握 BIM 技术在规划阶段、设计阶段、施工阶段和运营阶段中的应用。

实施条件

（1）教材。
（2）互联网。

BIM 技术应用于建筑工程全生命周期，将引发整个建筑产业运作模式的巨大变革。因为从建筑工程的规划、设计、施工阶段到漫长的运营维护阶段，直到最终拆除，都能透过 BIM 模型的创建、新增、更新、搜寻、拾取、传输、交换等操作进行建筑设施信息的共享与再利用。党的二十大报告提出，坚持人民城市人民建、人民城市为人民，提高城市规划、建设、治理水平，加快转变超大特大城市发展方式，实施城市更新行动，加强城市基础、设施建设，打造宜居、韧性、智慧城市。从工程项目的规划阶段开始，BIM 技术就能发挥许多优势，若能使这些 BIM 模型信息在以后各阶段持续建置、集结与使用，将有可能达到建筑业长期以来追求的工程利益最大化与效能最佳化的目标。图 0.2 所示为 BIM 技术在建筑工程全生命周期的应用情况。

图 0.2　BIM 技术在建筑工程全生命周期的应用情况

0.2.1　规划阶段 BIM 技术应用

1. 立项规划

一个工程项目在正式立项之前，业主（政府、开发商）需从土地、资金、空间需求及社会影响等方面综合地进行可行性研究。一个高效、准确的空间规划过程，可为后续设计工作提供协助。项目规划阶段所建立的 BIM 模型，主要用于空间分析，如日照分析、基本规范检查，借以初步了解该空间可使用的基本条件和一般建筑规范的限制等概况。

2. 基地分析

基地分析是有关工程项目所在的场址的宏观地理环境的分析工作，包括现有或未来可能有的周边空间状况、自然条件、资源等详细资料的搜集、建模与分析工作。BIM 的基地分析工作，除了能帮助项目选址最佳化及进行绿色建筑规划分析（如日照分析）外，还可利用 BIM 与 GIS 等软件工具处理未来空间微观信息的整合应用、建筑物方位设置、场址地理条件等。

0.2.2 设计阶段 BIM 技术应用

1. 方案设计

方案设计过程以 BIM 的 3D 软件为主，尽可能完整地阐释工程项目设计方案。方案设计阶段包括建模和分析。模型主要使用设计创作工具，而审核和分析工具则为已建好的模型提供特定分析研究成果的信息，有时审核和分析工作还包括扩大初步设计（如结构、机电）的分析工作。在整个 BIM 的执行过程中，方案设计需要规划一个完善且功能强大的资料库，能保存已建好的 3D 模型及对应元素的属性、数量、成本和进度等信息，将各阶段参数尽可能准确而有效地联结在一起，使该工程项目模型成为具有很强应用价值且可共享的信息模型。设计方案能为业主和其他相关工作者提供更具透明度与视觉化的设计，也有助于提高设计品质，降低设计成本，有效管控工程项目进度。

2. 设计方案会审

BIM 执行团队在工程项目专项会议上，可利用 BIM 模型来对该项目的各参与方（包括业主、设计院、施工单位、监理单位等）展示其设计内容，借以对该项目的布局、采光、照明、安全、人体工学、声学、纹理和色彩等重要议题进行决策。在有关业主的需求和工程项目的空间美学等方面，会较易得到及时的反馈。设计师透过 BIM 模型能将设计理念更轻松地传达给业主、施工单位和最终用户。

3. 成本估算

BIM 执行团队以 BIM 模型作为工作的基础，充分利用 BIM 系统及其延展开发的软件工具（插件），在该工程项目设计过程初期对工程项目进行一些必要的估算，从而得出一套准确的成本估算清单，并能将工程项目因可能发生的变更而导致的成本变化快速反映出来，以避免预算超支和工期拖延。这个过程可以让设计人员从设计变更中随时观察出其对成本的影响，可以有效遏制由于过度修改项目而造成的预算超支。

4. 协同设计

BIM 技术可以有效改善传统的工程项目协调会议。以 BIM 软件为载体，在设计院的各专业之间开展设计协同，在业主、设计院、施工单位、监理单位等各方之间开展管理协同，就可以有效提高沟通效率，降低管理成本，甚至进行全过程掌控。

5. 施工图设计（包括建筑设计、结构设计、照明设计、能源设计、机电设计与其他）

使用在设计方案中已经建好的 BIM 模型，以各专业技术规范为基础来检查此工程项目是否满足有关各项专业技术要求，由此得到的信息将会成为业主在建筑系统中各项指标分析及规划（如能效分析、结构分析、紧急疏散规划等）的基础。这些分析和性能模拟工具，可以在工程项目全生命周期过程中发挥其价值，也可以显著地改善各项设施的能源消耗。设计院也可使用 BIM 模型分析软件进行比以往更详尽和客观的数据分析，以备业主后续引用。

6. 施工图数字化审查

施工图数字化审查，必须以 BIM 模型为工作载体来检查一个工程项目的模型参数是否符合国家规范。在我国以 BIM 技术进行施工图审查的工作尚处于起步阶段，但工程项目如果能在设计规划阶段初期，针对相关的已知资料（包括基地面积、城市计划使用分区、容积率等）先以软件辅助工具进行一般规范的初步检查，就可以有效降低规划初期因规范细节问题而造成的误导、遗漏或疏忽等问题，避免造成不必要的浪费。

0.2.3 施工阶段 BIM 技术应用

1. 施工场地模拟

工程项目在全生命周期中，施工阶段是真正在实体空间生产出新事物的关键阶段。若要在虚拟空间完整地模拟施工过程以检查复杂的施工工序，BIM 模型必须从 3D 建模时就要考虑模型元件的组建顺序和实际工程施工的顺序与时间等问题。本项工作是以 BIM 模型（包括施工场地现状）为主要载体，分析工地施工进度以及模拟人、机、料等空间配置。生成的 BIM 4D(3D+时间) 模型用以确认空间和时间发生碰撞冲突的关键点，进而确定出一个可行的施工方案。

2. 深化设计

BIM 深化设计以 BIM 模型为基础，对一个复杂的图纸进行施工细节方面的设计和分析（如模板、帷幕、挡土设计等），以提升工程的施工质量。这项工作可提高复杂部位的可施工性，增加对复杂工程的安全系数。BIM 执行团队直接从 3D 模型中提取并输出深化设计后的施工信息，以配合实际施工。如同传统的 CAD 图纸作业一样，可将需要加工制造的部分用 BIM 模型导出，再输入诸如钢结构加工制造等程序，直接生成下料图。

3. 施工进度模拟（4D 模拟）

BIM 的执行团队运用 4D 模型，可以有效地规划施工阶段（亦可指导运营阶段的修建、改建等）各分段工序进场施工的先后顺序作业。本项工作的重点在于施工分项排序，以及 BIM 模型中各构件依时间轴运作的规划过程。4D 模拟为功能强大的视觉化和沟通工具，可以让施工单位及业主更清楚地了解到工程项目的关键时间节点和施工过程的计划细节，并掌握该项目进行中的关键路径。

0.2.4 运营阶段 BIM 技术应用

1. 工程项目档案模型的建立

这项工作的重点在整个工程项目中，有关设施和设备档案资料的建立与维护。这是贯穿工程项目全生命周期，从所有设施、设备购买、安置开始，于虚拟空间建立其与实体尽可能详尽而同步的档案信息，该信息对建筑物漫长的运营维护非常重要。档案模型至少应包含工程项目土建和机电构件的相关信息，并具有可随建筑物实体空间的变化而不断更新和改进，以及储存更多关联信息的能力。

2. 工程项目运营维护计划

工程项目在漫长的运营期间，其建筑主体与内部设施、设备都有各自的使用年限。工程项目运营维护计划是指运用 BIM 协助组织进行工程项目的资产（建筑主体、系统、周边环境、设施、设备）管理工作。资产管理工作必须考虑在满足业主和使用者要求的情况下，以尽量低的成本，维持新增、维护、使用、更新、报废等活动，并能以短、中、长期的运营维护规划协助财务决策。BIM模型中的设施、设备档案信息，能精准拟定提高品质与降低维护成本的计划。资产管理工作可维护公司资产的综合资料库，也可利用档案模型中包含的资料确定资产更新信息对成本方面的影响。

3. 防灾减灾规划

BIM执行团队进行防灾减灾规划工作，可以让灾害救援人员从BIM模型和信息系统的视觉化形式中获得紧急救助的关键信息，以提高应急反应的有效性，并让救援人员的救援风险降到最低。

BIM技术强调以工程项目3D模型及其组合构件所携带的全生命周期档案信息为主轴运作，如果这些庞杂的信息能够集中并独立地在一个有系统、有层次、有效能的信息管理环境中协同运作，达到横向跨专业组合、纵向跨阶段延续的程度，那么上述所有阶段的BIM技术应用项目就会发挥巨大的效力。

任务 0.3　BIM 技术所应用的软件

BIM软件介绍

任务目标

通过本任务的学习，学生应达到以下目标。
了解BIM技术所应用的软件。

任务内容

通过教师讲解或自主查阅资料，了解BIM建模软件、施工技术运用和动画展示软件。

实施条件

（1）教材。
（2）互联网。

BIM模型的创建是应用BIM技术的重要基础，没有BIM模型就无法进行任何BIM相关应用，而创建BIM模型或进行相关建模工作选择适当的建模软件是至关重要的。

0.3.1　BIM建模软件

1. Autodesk Revit

Revit软件包括Revit Architecture、Revit Structure和Revit MEP，即建筑、结构、机电建模功能。

该公司的 Revit 产品有两个开发性特色,一是使用一个图形化的"族编辑器"创建参数化构件,而不是用编程语言;二是所有模型元素构件、视图和注释的关系皆取自同一模型,确保任何构件的变化都会自动传播,以维持模型信息的一致性。图 0.3 所示为 Autodesk Revit 软件界面。

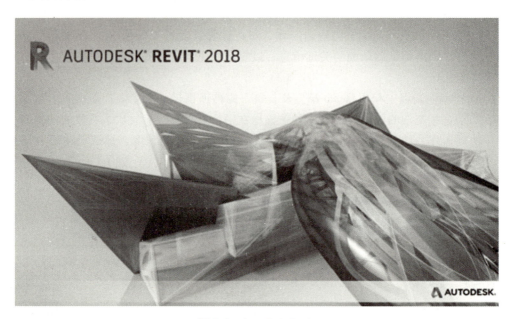

图 0.3 Autodesk Revit

2. Bentley Architecture

Bentley 有多款专门针对基础设施、建(构)筑物、工厂、道路、铁路、桥梁等进行设计、施工和运营的软件产品。主要的软件发展平台为 MicroStation,也有一些服务器应用程序(插件)产品可供工程项目进行协同作业,主要的协同整合平台解决方案为 ProjectWise。

3. Graphisoft ArchiCAD

最早的 BIM 建筑设计应用软件,以虚拟建筑为产品设计理念,它在设计、文档管理、协同工作和对象管理四个方面有突出表现。目前除了 MacOS 平台外,还支持 MS Windows 平台。

0.3.2　施工技术运用和动画展示软件

1. Navisworks

Navisworks 软件产品(图 0.4)可以帮助所有相关方将工程项目作为一个整体来看待,进而优化从设计、决策、施工、性能预测和规划直至设施管理和运营等各个环节。Autodesk Navisworks 软件解决方案支持项目设计与其他各专业人员将各自的成果集成至同一个建筑信息模型中。

2. Fuzor

Fuzor(图 0.5)是美国 Kalloc Studios 打造的一款虚拟现实级 BIM 软件平台,主打

图 0.4　Navisworks

"用玩游戏的体验做 BIM"的理念。它不仅可以提供实时的虚拟现实场景（即 VR），还可以让 BIM 模型数据在瞬间变成和游戏场景一样的、亲和度极高的模型，并且比较完整地保留 BIM 信息。Fuzor 优化了图形渲染引擎，改进了独有的 VR 设备支持，提供多文件链接系统等一系列功能。它利用 VR 和 BIM 双重技术并进行了充分融合，相关内容包括施工场地排布、碰撞检查、管线排布优化、火灾疏散模拟演示、安全体验与培训等。

图 0.5　Fuzor

3. Lumion

Lumion 是由 ACT－3D 公司开发的实时 3D 可视化工具，主要用来制作电影和静帧作品，涉及的领域包括建筑、规划和设计。其优势在于它能够提供优质的图像，并与高效的工作流程结合在一起，为用户节省时间、精力和金钱。使用者能够直接在自己的计算机上创建虚拟现实，在短短几秒内即可创造惊人的建筑可视化效果。Lumion 一般用于后处理，可使向业主汇报的效果更加逼真。

BIM 5D 技术在成本管理和投资进度管理方面的软件开发不像建模软件那样成熟和具有国际性。究其原因，主要是造价投资的标准和界定具有地域性，很难找到一个国际通用标准。国内常用的广联达、鲁班、斯维尔等比较成熟的造价分析软件，目前也在积极进行 BIM 5D 软件的开发和应用，以期和通用建模软件可以传输、交流和共享。

此外，国内很多软件开发公司也相应配套开发了针对 Revit 模型向其他程序转化的接口和插件，有兴趣的读者可以自行查找学习。

任务 0.4　BIM 模型标准

任务目标

通过本任务的学习，学生应达到以下目标。
了解 BIM 模型标准。

任务内容

通过教师讲解或自主查阅资料，了解 BIM 模型国际交付标准、我国的 BIM 技术应用标准。

实施条件

（1）教材。
（2）互联网

0.4.1　BIM 模型国际交付标准

BIM 模型在不同时期呈现不同的面貌以适应各阶段的使用要求，这样就必须有一套公开标准来界定 BIM 模型中各个元素在不同阶段的需求和目标，才能让 BIM 技术在多方协同作业和系统整合时有共同的沟通语言。

为了能够明确对 BIM 模型内容与细节的定义，以利于 BIM 模型的交付，以及应用于跨专业与跨生命周期各阶段之间的沟通与协同工作，美国总承包商协会（Associated of General Contractors，AGC）的 BIM 工作小组自 2011 年始，便与美国建筑师协会（American Institute of Architects，AIA）合作制定建筑信息模型深度标准（Level of Development，LOD），以

AIA 文件中所定义的 LOD 为基础，逐渐将各个建筑系统的 LOD 更详细地定义出来，并以实物案例图示来说明（图 0.6）。

B1010.10 – Floor Structural Frame (Steel Framing Bracing Rods)

100	See B10	
200	See B1010	
300	Element modeling to include: • Specific sizes of main structural braces modeled per defined structural grid Required non-graphic information associated with model elements includes: • Structural steel materials	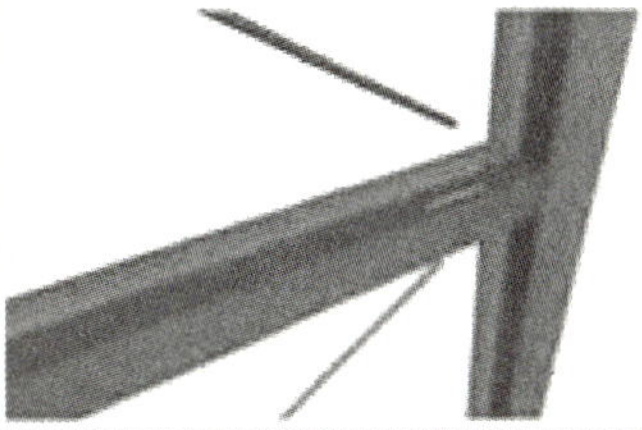
350	Element modeling to include: • Connection details • Actual elevations and location of member connections • Large elements of typical connections applied to all structural steel connections such as base plates, gusset plates, anchor rods, etc. • Any miscellaneous steel members with correct orientation	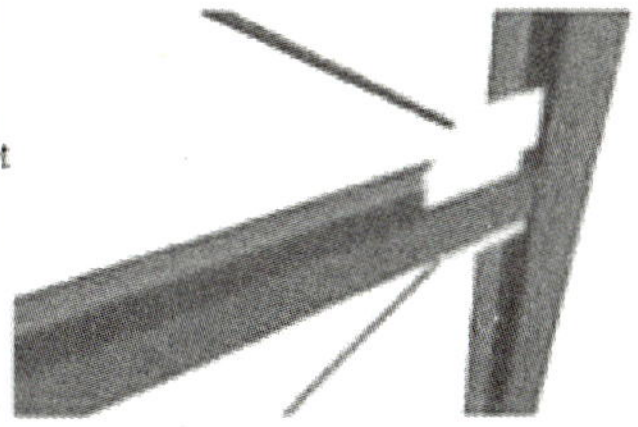
400	Element modeling to include: • Welds • Clevis • Bolts, washers, nuts, etc. • All assembly elements	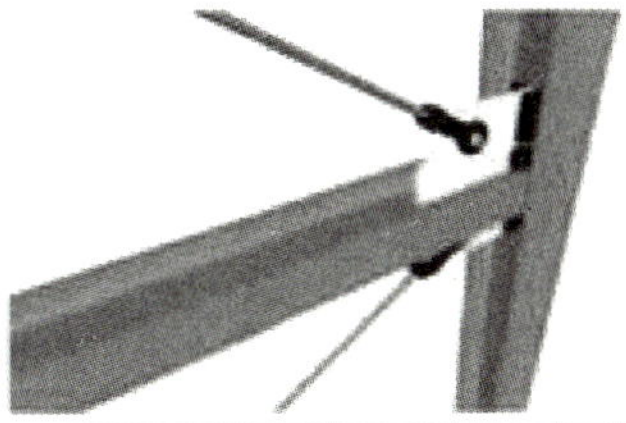

图 0.6 国际 LOD 标准示意（部分）

0.4.2 我国 BIM 技术应用标准

由中国建筑科学研究院会同有关单位编制的国家标准《建筑信息模型应用统一标准》(GB/T 51212—2016) 已于 2017 年 7 月 1 日起开始实施。

《建筑信息模型应用统一标准》是我国第一部建筑信息模型应用的工程建设标准，提出了建筑信息模型应用的基本要求，是建筑信息模型应用的基础标准，可作为我国建筑信息模型应用及相关标准研究和编制的依据。国务院于 2016 年 12 月 15 日印发了《“十三五”国家信息化规划》(简称《规划》)，《规划》的实施将为国家建筑业信息化能力提升奠定基础。

目前全国各地在项目运行中，也会制定各自的 BIM 模型交付标准，以满足不同阶段、不同用途的工程项目要求。表 0－1～表 0－3 所示为某项目部分 BIM 模型交付标准。

表 0-1 专业代码

专业（中文）	专业（英文）	专业代码（中文）	专业代码（英文）
规划	Planning	规	P
建筑	Architecture	建	A
景观	Landscape Architecture	景	LA
室内装饰	Interior Design	室内	ID
结构	Structural Engineering	结	S
给排水	Plumbing Engineering	水	P
暖通	Heating, Ventilation and Air-Conditioning Engineering	暖	HVAC
强电	Electrical Engineering	电	E
弱电	Electronics Engineering	电	E
绿色节能	Green Building	绿建	G
环境工程	Environment Engineering	环	EE
勘测	Surveying	勘	SU
市政	Civil Engineering	市政	C
经济	Construction Economics	经	CE
管理	Construction Management	管	CM
采购	Procurement	采购	PC
招投标	Bidding	招投标	B
产品	Product	产品	PD

表 0-2 建模精细度标准

建筑信息		LOD100	LOD200	LOD300	LOD400	LOD500	备注
墙体/柱	基层/面层	—	△	▲	▲	—	—
	保温层	—	△	▲	▲	—	—
	防水层	—	—	△	▲	—	—
	安装构件	—	—	△	▲	—	—
幕墙	支撑体系	—	△	▲	▲	—	—
	嵌板体系	—	▲	▲	▲	—	—
	安装构件	—	—	▲	▲	—	—
门窗	框材/嵌板	—	△	▲	▲	—	—
	填充构造	—	△	▲	▲	—	—
	安装构件	—	—	△	▲	—	—

续表

建筑信息		LOD100	LOD200	LOD300	LOD400	LOD500	备注
屋面	基层/面层	—	△	▲	▲	—	
	保温层	—	△	▲	▲	—	
	防水层	—	△	▲	▲	—	
	安装构件	—	—	△	▲	—	
外围护其他构件		—	—	▲	▲	/	—

注:1. LOD100 为 100 级精细度;LOD200 为 200 级精细度;LOD300 为 300 级精细度;LOD400 为 400 级精细度;LOD500 为 500 级精细度。

2. "▲"表示应具备的信息;"△"表示宜具备的信息;"—"表示可不具备的信息。

表 0-3 建模精细度标准(以 LOD200 为例)

对象信息	建模要求
现状场地	● 等高距宜为 1 m。 ● 若项目周边现状场地中有地铁、车站、变电站、水处理厂等基础设施时,宜采用简单几何形体表达,需输入设施使用性质、性能、污染等级、噪声等级等对于项目设计产生的影响、周边的城市公共交通系统的综合利用等非几何信息。 ● 除非可视化需要,场地及其周边的水体、绿地等景观可用二维区域表达。 ● 水文地质条件等非几何信息
设计场地	● 等高距宜为 1 m。 ● 应在剖切视图中观察到与现状场地的填挖关系
道路	● 道路定位、标高、横坡、纵坡、横断面设计相关内容可用二维区域表达
墙体	● 在"类型"属性中区分外墙和内墙。 ● 外墙定位基线应与墙体核心层外表面重合;如有保温层,应与保温层外表面重合。 ● 内墙定位基线宜与墙体核心层中心线重合。 ● 如外墙跨越多个自然层,宜按单个墙体建模。 ● 除了竖向交通围合墙体,内墙不宜穿越楼板建模。 ● 外墙外表皮应使用正确的材质
幕墙系统	● 支撑体系和安装构件可不表达,应对嵌板体系建模,并按照设计意图分划
楼板	● 除非设计要求,无坡度楼板顶面与设计标高应重合,有坡度楼板根据设计意图建模
屋面	● 平屋面建模可不考虑屋面坡度,且结构构造层顶面与屋面标高线宜重合。 ● 坡屋面与异形屋面应按设计形状和坡度建模,主要结构支座顶标高与屋面标高线宜重合
地面	● 当以楼板或通用形体建模替代时,应在"类型"属性中注明"地面"。 ● 地面完成面与地面标高线宜重合
门窗	● 门窗可使用精细度较高的模型。 ● 如无特定需求,窗可用幕墙系统替代,但应在"类型"属性中注明"窗"

续表

对象信息	建模要求
柱子	● 非承重柱子应归类为"建筑柱",承重柱子应归类为"结构柱",应在"类型"属性中注明。 ● 除非有特定要求,柱子一般不宜按照施工工法分层建模。 ● 柱子截面应为柱子外廓尺寸,建模几何精度可为 100 mm
楼梯	● 楼梯栏杆扶手可简化表达
垂直交通设备	● 如无可视化需求,可用二维区域表达,但应输入完整的非几何信息
坡道	● 宜简化表达,当以楼板或通用形体建模替代时,应在"类型"属性中注明"坡道"
栏杆或栏板	● 可简化表达
空间或房间	● 空间或房间的高度设定应遵守现行法律规范。 ● 空间或房间宜标注为建筑面积,当确有需要标注为使用面积时,应在"类型"属性中注明"使用面积"。 ● 空间或房间的面积应为模型信息提取值,不得人工更改
梁	● 可用二维区域方式表达
家具	● 如无可视化需求,可用二维区域表达,但应输入完整的非几何信息
其他	● 其他建筑构配件可按照需求建模,建模几何精度可为 100 mm。 ● 建筑设备可用简单几何形体替代,但应表示出最大占位尺寸

随着我国 BIM 标准的出台,工程项目 BIM 技术的应用也会越来越规范化。

巩固与提升

(1) 加强深化 BIM 概念和 BIM 技术应用的概念,能够掌握 BIM 的作用和功能。

(2) 查阅《建筑信息模型应用统一标准》和相关文件要求,与组内同学交流自己对建模标准、要求的理解。

千年大计,
行稳致远

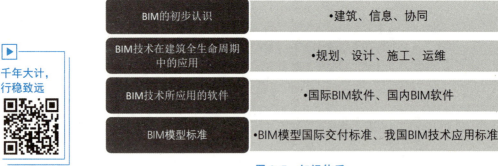

图 0.7 知识体系

拓展讨论

党的二十大报告指出,推进京津冀协同发展、长江经济带发展、长三角一体化发展,推动黄河流域生态保护和高质量发展。高标准、高质量建设雄安新区,推动成渝地区双城经济圈建设。通过观看二维码中的视频,请讨论 BIM 技术如何助力现代化未来之城的发展?

项目 1　建筑 BIM 模型的创建

学习目标

知识目标	技能目标	素质目标
1. 熟练掌握创建建筑样板、方案样板以及出图样板的方法 2. 熟练掌握创建建筑构件、建筑场地、建筑明细表的方法 3. 熟练掌握族和体量的创建方法 4. 了解模型后处理的方法	1. 能够熟练运用 Revit 软件进行样板创建以及建筑模型的创建 2. 能够熟练运用 Revit 软件进行场地创建 3. 能够熟练运用公制常规模型和体量模型 4. 能够初步使用 Lumion 软件进行后期效果处理	1. 培养自主学习的能力和项目实战的能力 2. 培养精益求精的工匠精神 3. 能够关注行业发展和技术创新，培养科学探索的精神 4. 以建筑为代表，尊重、弘扬和传承中华民族优秀传统文化，建立文化自信

知识导入

用 BIM 技术借助 Revit 软件来创建一个建筑项目模型，是 BIM 技术的入门和基础，这个建筑模型将贯穿建筑的全生命周期，在整个建筑生命周期里面，这个模型会不断的被完善、修改、引用、传递，它承载的是建筑各阶段的信息，体现是参建各方的协同，更能弘扬建筑本身的文化以及建设者们的匠心和巧思。

中国的建筑史源远流长，党的二十大报告多次提出，坚定文化自信，传承中华优秀传统文化。BIM 技术帮助我们向世界传递我国深化文明交流互鉴，推动中华文化更好走向世界的美好愿望。相信我们一定能培养出新时代我们自己的大国工匠！

任务1.1 创建建筑样板

任务目标

通过本任务的学习,学生应达到以下目标。
(1) 了解 Revit 2018 的基本界面。
(2) 掌握新建 Revit 建筑项目的方法。
(3) 掌握导入外部文件的方法。
(4) 掌握创建标高、轴网的方法。

任务内容

熟悉 Revit 2018 界面,能够根据项目样板建立新建筑项目,掌握导入外部 CAD 文件,学会绘制标高、轴网。

实施条件

(1) 绘图电脑。
(2) Revit 软件。
(3) Auto CAD 软件。
(4) 2#主题教育馆 CAD 图纸。

任务1.1.1 建立新项目

1. 项目和项目样板

(1) 项目:在 Revit 中,所有的设计信息都被存储在扩展名为".rvt"格式的"项目"文件中。一个"项目"就是一个单独的设计信息数据库,包含了建筑的三维模型,平、立、剖面图及节点详图,各类明细表及其他相关信息。通过"项目"仅需要跟踪一个文件就可以创建、修改、保存各项内容,极大地方便了项目管理。

(2) 项目样板:当建立新的"项目"时,Revit 会以一个".rte"格式的文件作为项目建立的初始条件,这个文件就是"项目样板"文件。样板文件中定义了新建的项目中默认的初始参数,如默认的度量单位、线型设置、显示设置等。Revit 中允许自定义自己的样板文件,并保存为新的".rte"文件。

2. 图元和族

(1) 图元:Revit 中基本的图形单元被称为图元,可按照类别、族、类型再对图元进行分类。

(2) 族：在 Revit 中所有的图元都是由族（Family）来创建的，可以说族是 Revit 的设计基础。族中包括许多可以自由调节的参数，如尺寸、材质、位置等信息。在 Revit 中族分为系统族、内建族和可载入族三类。

① 系统族：不能作为单个独立文件创建或载入，在 Revit 中已经预定义了系统族的属性设置及图形表达。

② 内建族：用于定义在项目上下文中创建的自定义图元。内建图元在项目中的使用受到限制，每个内建族都只包含了一种类型。虽然可以在项目中创建多个内建族，并可以复制多个副本，但是不能通过复制内建族来创建多种类型。

③ 可载入族：通过族样板来创建新的族文件，可以保存单独的扩展名为".rfa"格式的族文件。这种类型的族可载入到项目中单独使用。

从本项目开始，将基于真实项目，介绍如何利用 Revit 软件创建建筑模型。

步骤一：启动 Revit 软件

双击 Revit 软件，打开软件。

步骤二：创建基于建筑样板的 Revit 文件

单击界面左上方"应用程序"按钮→"新建"→"项目"命令（图 1.1），在弹出的"新建项目"对话框中选择样板文件"建筑样板"→新建"项目"单选按钮，单击"确定"按钮（图 1.2）。

项目的新建保存和导出

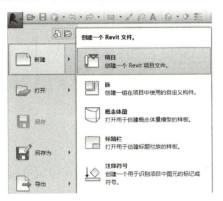

图 1.1 新建菜单

图 1.2 新建项目

特别提示

1. 软件中自带的样板文件，包括构造样板、建筑样板、结构样板、机械样板，这些文件默认存储于 C:\ProgramData\Autodesk\RVT2016\Templates\China 的文件夹中。

2. 直接打开的样板文件不可以另存为项目文件。若有自定义的样板文件，单击"浏览"按钮，找到自定义的样板文件，单击"确定"按钮打开。

步骤三：熟悉 Revit 界面

启动 Revit 软件后，打开基本样例文件，进入项目编辑状态，界面如图 1.3 所示。

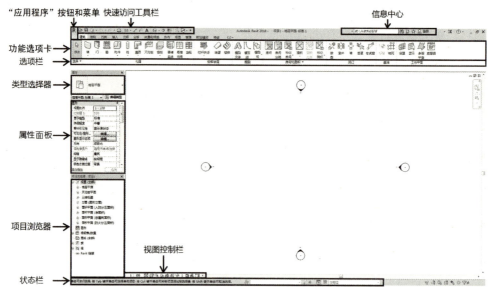

图1.3 Revit 2018 界面

(1)"应用程序"按钮和菜单。

"应用程序"菜单中有"新建""打开""保存""另存为""导出"等选项(图1.4)。

图1.4 应用程序菜单

(2)快速访问工具栏。

快速访问工具栏包含一组默认工具,可以对该工具栏进行自定义,将最常用的工具放置到快速访问工具栏中(图1.5)。

图1.5 快速访问工具栏

(3)功能选项卡。

功能选项卡提供创建项目或族所需要的全部工具,包含"建筑""结构""系统""插入""注释""分析""体量和场地""协作""视图""管理"等选项卡(图1.6)。

项目1 建筑BIM模型的创建

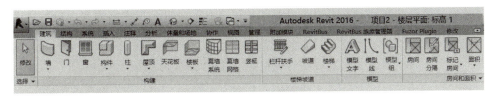

图1.6 功能选项卡

（4）选项栏。

选项栏位于功能选项卡的下方，绘图区域的上方。其内容根据当前命令或选定图元的变化而变化，从中可以选择子命令或设置相关参数（图1.7）。

图1.7 选项栏

（5）属性面板。

属性面板包括"类型选择器""属性过滤器""编辑类型""实例属性"4个部分（图1.8）。

（6）项目浏览器。

Revit软件将所有楼层平面图、天花板平面图、三维视图、立面图以及族等，全部分门别类地放在项目浏览器中管理（图1.9）。

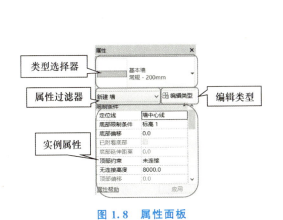

图1.8 属性面板 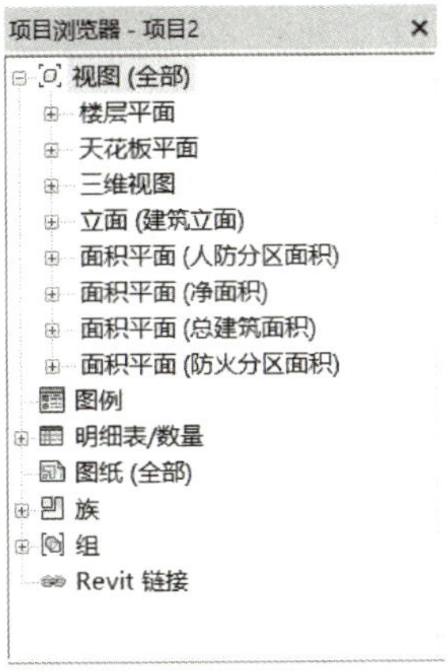　　　　图1.9 项目浏览器

（7）视图控制栏。

视图控制栏位于绘图区域的下方，可以对视图的比例、详细程度、模型图形样式、设置阴影、渲染对话框、剪裁区域、隐藏/隔离等进行设置（图1.10）。

图1.10 视图控制栏

（8）绘图区域。

界面中最大的部分是绘图区域，可以在该区域进行建模操作。其背景默认为白色，可

019

以通过选项设置背景颜色。单击"应用程序"→"选项"按钮,在弹出的"选项"对话框→"图形"选项卡中可以设置背景颜色(图1.11)。

图1.11 "图形"选项卡

做一做

对功能选项卡里的各分项选项卡进行查看,以熟悉各分项选项卡。

步骤四:项目基本设置

建立项目前,需要输入项目的基本信息。

(1)项目信息。

单击"管理"选项卡→"设置"面板→"项目信息"命令(图1.12),在弹出的"项目属性"对话框(图1.13)中输入"出图日期""项目状态""所有者""项目地址""项目名称""项目编号"等相关信息,单击"确定"按钮。

(2)项目单位。

继续在"设置"面板中单击"项目单位"命令(图1.12),在弹出的"项目单位"对话框(图1.14)中设置"长度""面积""角度"等单位。默认长度单位为"mm"、面积单位为"m^2"、角度单位为"°"。

项目1 建筑BIM模型的创建

图1.12 "项目信息"与"项目单位"命令

图1.13 项目属性

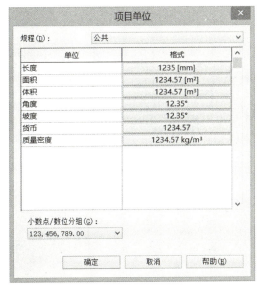

图1.14 项目单位

步骤五：保存文件

打开"应用程序"菜单→"保存"选项，选择保存路径，生成一个扩展名为".rvt"格式的项目文件，则新项目建立完成。

特别提示

Revit中默认最大保存数为10，每次保存生成一个新的文件，生成第10个文件后，后面保存的文件将会对最早的文件进行覆盖。可以在"保存"对话框中单击"选项"按钮进行最大备份数设置，设置为1～3个即可。也可以单击"另存为"按钮，保存为项目。

按照教材方法，新建一个建筑项目文件，命名为"主题教育馆"建筑。

021

任务 1.1.2　导入外部文件

步骤一：编辑 CAD 文件

将 CAD 文件导入 Revit 中时，需要对 CAD 文件进行处理（图 1.15）。将导出的文件进行编辑，删掉多余复杂信息，只留下必要的内容，如轴网、墙体、门窗等，做成新块保存好。这样做是为了减少导入文件的信息量，加快 Revit 的运行速度。

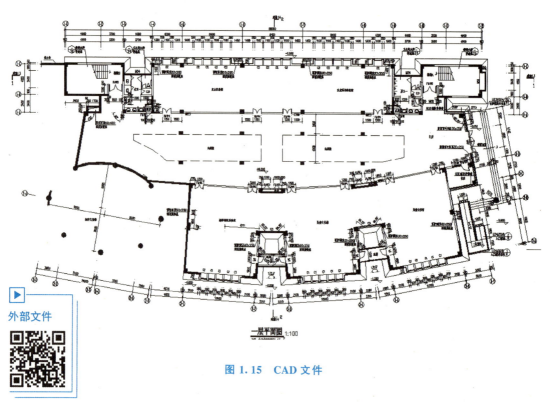

图 1.15　CAD 文件

特别提示

建议在 AutoCAD 软件中保存成低版本的文件，如使用天正绘图软件保存成 T3 格式，否则在导入 Revit 中时，图纸内容经常会显示不全。

做一做

将本项目中楼层平面图、立面图、剖面图、楼梯详图等分别做成 T3 新块保存到一个文件夹中备用。

步骤二：将 CAD 文件导入 Revit

单击"插入"选项卡中的"导入 CAD"，出现"导入 CAD 格式"对话框（图1.16）。

（1）文件名及文件类型：可以选择编辑好的外部文件。

（2）仅当前视图：选中后只出现在插入视图中，如在南立面视图导入的文件只能在南立面视图中显示，不会在东立面或者其他视图中出现。一般要选中此项，否则干扰太多，影响作图。

（3）颜色：默认保留，可以保留外部文件中的颜色，用于区别图元。建议不要改动。

（4）图层/标高：默认全部。建议保留，否则可能会缺少内容。

（5）导入单位：选择"毫米"即可。

（6）定位：选择"自动-中心到中心"，导入的图纸基本在视口的中间位置。其定位与外部源文件的基点和项目基点有关系。

设置完成后单击"打开"按钮，外部文件就导入到了项目中。

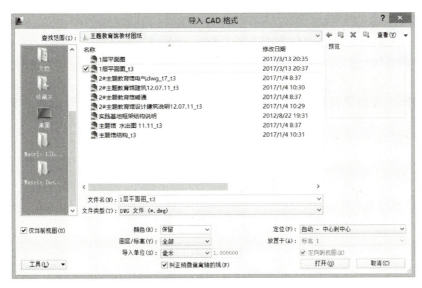

图1.16 导入 CAD 格式

步骤三：锁定外部文件

选中导入的图纸，在"修改|1层平面图_t3.dwg"选项卡中单击"锁定"命令（图1.17），避免移动发生错误。若选中导入的文件，在选项栏中会有前景和背景的切换，根据作图需要进行更改。

图1.17 "锁定"命令

 **特别提示**

Revit中"选择"可以采用"框选"和"点选"两种形式。"框选"可以分为"包含选择"和"接触选择"。从左向右框选即为"包含选择",要选择的内容必须全部位于框内。"接触选择"为从右向左框选,要选择的内容只要与框有接触即可选择。大家可以根据不同需要选择不同方式。

链接文件

做一做

根据学到的导入文件的方式,试着链接CAD文件。

任务 1.1.3　绘制建筑标高

步骤一:选择视图

在项目浏览器中选择"立面(建筑立面)"视图节点,双击"南"立面视图(图1.18)。选择视图时建议按照习惯选择在南立面绘制,这样建立的标高在任何一个立面都会有相同的显示。

绘制标高

图1.18　"南"立面视图

步骤二:绘制标高

在功能选项卡中单击"建筑"选项卡→"基准"面板→"标高"命令(图1.19)。这时状态栏会显示"单击可输入标高起点"。

图1.19　"标高"命令

项目1 建筑BIM模型的创建

特别提示

Revit中标高是以m为单位的,自带的建筑样板里有两条默认的标高,一条是"标高1(±0.000)",另一条是"标高2(4.000)"。

移动光标到视图中"标高2"左侧标头正上方,当出现绿色标头对齐虚线时,单击捕捉标高起点。从左向右移动光标到"标高2"右侧标头正上方,当出现绿色标头对齐虚线时,再次单击捕捉标高终点,即创建完成一条新的标高。系统会默认名称为"标高3"(图1.20)。

图1.20 生成标高

特别提示

如果过程中单击有误,可以按Esc键取消操作,且每单击一次取消一层命令。
删除标高时,只需要点中要删除的标高,按Delete键删除即可。

以同样的方法绘制"标高4""标高5"等标高。本项目的建筑标高为±0.000、3.950、4.050、4.500、9.000、13.500、18.000、21.000,还有−0.050、−0.550、−0.600、−1.050。

步骤三:绘制其他楼层标高

Revit中除了直接绘制标高外,还可以复制标高来创建新的标高。

选中要复制的"标高2",功能选项卡会自动切换到"修改|标高"上下文选项卡,在"修改"面板中单击"复制"命令(图1.21),此时选项栏中出现复选项(图1.22),可以选中"约束"和"多个",保证复制的标高上下对齐并可以一次性复制多个。

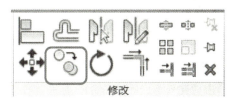

图1.21 "复制"命令

图1.22 修改标高选项

在选中的"标高2"上任意位置单击一下，然后向上移动光标，在合适的位置单击，就会出现一条复制的标高，继续拖动并单击可以复制出多个标高（图1.23）。

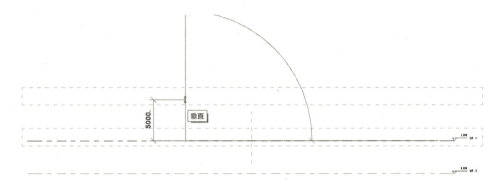

图1.23 复制标高

复制的标高是独立图元，可以单独修改和编辑。复制的标高和绘制的标高区别在于：复制的标高在项目浏览器中楼层平面中不显示，可以单击"视图"选项卡→"创建"面板→"平面视图"命令→"楼层平面"选项（图1.24），选中对话框中需要显示的楼层单击"确定"即可。

步骤四：修改标高数值和名称

双击标高名称前的数值，如双击"±0.000"，可以修改标高值为"-0.050"，标高的对应高度会自动发生变化。双击"标高1"字样，可以修改标高名字，建议改为"建筑F1（0.000）"，因为在项目中还会添加结构标高，名字中标注"建筑"可以很好地和结构标高进行区分，标注标高值是为了方便以标高值查找楼层平面，如图1.25所示。

图1.24 "楼层平面"选项

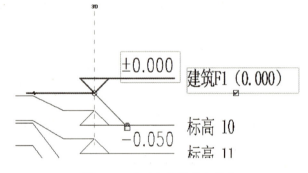

图1.25 修改标高数值和名称

步骤五：编辑标高

（1）标高标头修改。单击"建筑F1（±0.000）"标高，属性面板类型选择器中显示该标高的类型为"正负零标高"，单击其他标高均显示"上标头"。若要修改，可以单击右侧的下拉箭头更改标高类型，如单击"建筑（-0.550）"标高，在属性面板中单击右侧的下拉箭头，将类型改为"下标头"，如图1.26所示。

（2）标高属性类型修改。选中某一标高，在属性面板中单击"编辑类型"，可以设置类型的标高的线宽、颜色、线型图案、符号等内容。如单击"建筑F1（±0.000）"标高，在"类型属性"中将颜色改为"RGB 128-128-128"，选中"端点1处的默认符号"，如图1.27所示。

项目1　建筑BIM模型的创建

图1.26　标高标头修改

图1.27　标高类型属性修改

 **特别提示**

在"编辑类型"里修改的参数将影响项目中所有相同的类型。

（3）其他内容修改。单击一条标高，标高两端会出现一些符号，包括"添加弯头""拖动""锁定""2D、3D切换""端点显示"等（图1.28）。"添加弯头"可以使标高线端部出现弯折，避免两条标高太近而发生重叠。可以通过控制弯头的两个圆点来改变弯折的距离。如果取消弯折，只需将两个圆点拖至重合即可。"拖动"可以改变标高线的长度，默认"锁定"状态下拖动某一条标高，其他标高做相同变化。如果将锁打开，拖动只会改变当前标高线。"2D、3D切换"可以改变视图模式，默认3D模式下拖动标高其他视图也随之变化，单击3D变为2D模式，拖动只会改变当前视图下的标高长度。取消选中"端点显示"框，标高名称信息将会隐藏。

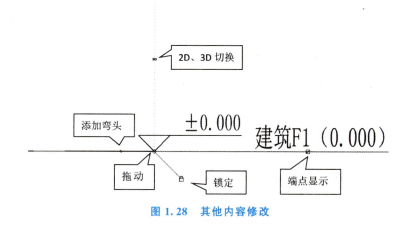

图1.28　其他内容修改

步骤六：保存标高

上述步骤全部完成后，要选择全部标高进行锁定，以避免在之后的作图中有可能拖动标高导致错误。框选标高，单击"修改|标高"选项卡→"修改"面板→"锁定"命令进行锁定（图1.29）。单击"应用程序"按钮→"保存"选项，完成标高的创建。

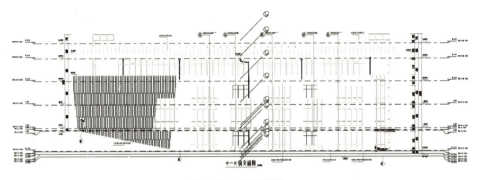

图1.29　标高锁定

 **特别提示**

"保存"的快捷方式为Ctrl+S。

除了上述建立标高的方法外，还可以通过导入的CAD图拾取标高，快速建立标高。

将CAD图纸中"①～②、③～⑦轴立面"视图做好块，然后导入到项目中。单击修改选项卡中的"对齐"命令（图1.30），单击标高±0.000，然后再单击导入文件中±0.000标高，此时两条标高线将会重合。

单击"建筑"选项卡→"基准"面板→"标高"，进入到"修改|放置 标高"上下文选项卡，选择"拾取标高"命令（图1.31），沿着CAD图中的标高线逐条单击即可，可以快速建立标高。在Revit中要灵活运用各种方法协同达成目标。

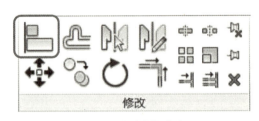

图1.30　"对齐"命令

图1.31　"拾取标高"命令

做一做

完成本项目标高系统的创建。

任务 1.1.4　绘制轴网

步骤一：选择视图

单击项目浏览器→楼层平面→"建筑 F1（0.000）"选项，如图 1.32 所示。

图 1.32　项目浏览器楼层平面选项

一般习惯在 F1 层中建立轴网。

步骤二：绘制和命名轴网

单击"建筑"选项卡→"基准"面板→"轴网"命令（图 1.33）。这时状态栏会显示"单击可输入轴网起点"，单击捕捉一点作为轴线起点，从上向下垂直移动光标一段距离后，再次单击捕捉轴线终点，创建第一条垂直轴线，轴号默认为"1"。

根据建筑平面图，本项目中共有三套轴网。垂直轴网将轴线号"①"改为"㊀"。

图 1.33　"轴网"命令

Revit 样板中并没有像标高一样有绘制好的轴网，所有轴网均需要由自己建立，且有立面界限。绘制轴网时要保证轴网在立面以内，如果超出立面范围，则需要拖动立面符号，将其拖至轴网的外侧，否则在立面视图中将看不见立面范围外的模型。

立面符号是多个族的组合，拖动时一定要框选立面符号而不能点选，否则会漏掉某种族，在立面中仍然无法看全模型。

步骤三：绘制其余垂直轴网

绘制其余垂直轴网的方法与绘制标高相同，既可以绘制，也可以复制，此处不再赘述。轴网间距是以 mm 为单位的。本项目中垂直轴网的间距从左至右依次为 4900 mm、3300 mm、4000 mm、4200 mm、8400 mm、8400 mm、8400 mm、4200 mm、4000 mm、3300 mm、4900 mm。

Revit 中轴号的名称从"1"开始自动编号，当绘制第二条轴线时自动命名轴号"2"。但如果删掉某条轴网后，系统不会将之后绘制的轴线命名为删掉的轴网号，只会继续编号。例如，删掉 2 号轴线后，再绘制一条轴线则自动编号为"3"，需要手动修改。

系统不会编分数号码，如"1/2"，只能手动编辑。

步骤四：绘制横向轴网

绘制横向轴网的方法与绘制垂直轴网相同，只是将光标横向移动绘制。横向绘制的轴网号是自动命名的字母，需要手动改动第一个横向轴网的名称为"1-A"，然后再绘制其他轴网，系统才会继续命名B轴、C轴，如图 1.34 所示。

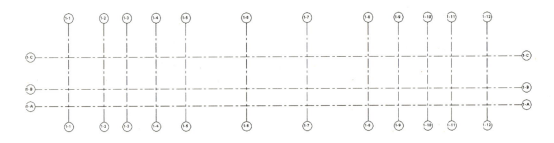

图 1.34 横向轴网绘制

步骤五：拾取第二套和第三套轴网

本项目中，第二套和第三套轴网不是正南正北方向的，而是有一定角度的，如果直接绘制轴网的话，需要对角度进行计算。所以在这里我们通过直接导入 CAD 图进行拾取来创建。拾取轴网的方式与任务 1.1.3 "任务拓展"中拾取标高的方法相同，此处不再赘述。

步骤六：编辑轴网

轴网的编辑内容同任务 1.1.3 "程序与方法 步骤五（3）"中标高的编辑方法相同，此处不再赘述。

步骤七：保存轴网

上述步骤全部完成后，锁定轴网，方法同锁定标高。单击"应用程序"按钮→"保存"选项，完成轴网的创建。

在 Revit 中，轴网只需在任意一个平面视图中绘制一次，其他平面、立面、剖面视图中都将自动显示。

项目1　建筑BIM模型的创建

**特别提示**

标高和轴网的建立非常重要,一定要准确,否则后期模型建立后很难更改。

巩固与提升

本任务分两个子任务来完成,一是创建标高,二是创建轴网。在设计中,项目建立后建议先创建标高,后创建轴网,这样是为了在各层平面图中正确显示轴网。标高轴网的建立有两种常用的方法,一种是直接绘制标高轴网,另一种是导入外部文件如CAD图直接拾取标高轴网。

(1) 根据本项目,完成全部标高和轴网的绘制。

(2) 对照图1.35,梳理自己所掌握的知识体系,并与同学相互交流、研讨个人对某些知识点或技能技巧的理解。

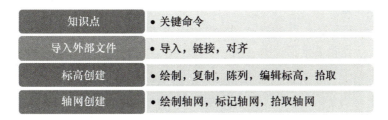

图 1.35　知识体系

(3) 采用拾取的方式绘制标高轴网。

任务 1.2　创建建筑构件

Revit建筑构件中墙体不仅是建筑空间的主体结构,也是门窗、墙饰条、分隔缝、卫浴灯具等构件和设备的承载主体,在创建门窗等构件之前需要先创建墙体。墙体构造层设置及其材质设置不仅影响视图中的外观表现,还会对后期施工设计图中墙身大样图、节点详图等的出图有直接影响,其材质的设置还会对后期能量分析产生影响。

任务目标

通过本任务的学习,学生应达到以下目标。

(1) 掌握普通幕墙、异形墙体的绘制。
(2) 掌握墙体的编辑方法。
(3) 掌握门窗的编辑方法。
(4) 掌握建筑楼板和屋顶的编辑方法。

任务内容

根据本项目设计图纸要求，完成全部墙体，包括普通墙体、幕墙、异形墙面的绘制，完成门窗的创建，完成建筑楼板和屋顶的创建。

实施条件

（1）完成标高和轴网体系。
（2）导入每层平面图及立面图。

任务 1.2.1　绘制墙体

1. 普通墙体的绘制

步骤一：选项栏设置

单击"建筑"选项卡→"构件"面板→"墙"下拉选项→"墙：建筑"命令（图1.36），选项栏中会出现墙体相关定义选项（图1.37）。

绘制墙体

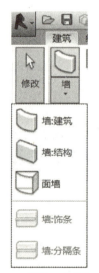

图1.36　"墙：建筑"命令

图1.37　墙体定义选项栏

（1）高度：此项下拉列表中有"高度"和"深度"两个选项，可以设置墙体从该标高向上伸长或向下伸长。

（2）未连接：此项下拉列表中有"未连接"和"标高"两个选项，建立的所有标高都会在这里显示。如果选择某一标高，表示墙体以该标高为起点，高度至某标高。

项目1　建筑BIM模型的创建

（3）数值：在未连接状态下可以指定墙体的高度值。

（4）定位线：下拉列表中包含"墙中心线""核心层中心线""面层面：外部""面层面：内部""核心面：外部""核心面：内部"等选项，表示绘制墙体时，墙的哪条线与绘制路径重合。

（5）链：选中此项，在一段墙体绘制结束后，单击时可以继续画墙，并不会中断。

（6）偏移量：表示墙体与绘制路径产生偏移的距离。

（7）半径：指墙体转角时的弧度。

（8）连接状态：连接状态有"允许"和"不允许"两个选项。选择"允许"时，墙体在转角处自动连接；选择"不允许"时，墙体在转角处不会连接。

步骤二：属性面板设置

属性面板类型选择器中默认的墙为"基本墙-常规 200 mm"（图1.38），可先绘制图纸中 200 mm 厚的墙体。将选项栏中定位线由"墙中心线"改为"核心层中心线"，"未连接"改为"直到标高：建筑 F2（4.500）"，方便以后添加墙体面层，其他项保持默认。

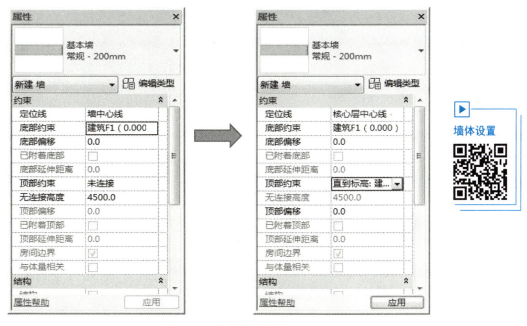

图 1.38　墙体属性面板

特别提示

按住 Shift＋鼠标中键拖动鼠标可以旋转观察模型，直接按住鼠标中键拖动可以平移模型视角。

步骤三：绘制墙体

进入建筑 F1(0.000) 楼层平面视图，捕捉Ⓐ轴和Ⓒ轴网 200 mm 墙体的中心线，单击

033

鼠标作为墙体的起始端（图1.39），向①-②轴方向拖动鼠标，沿外墙轮廓绘制墙体，结束时右击后选择"取消"命令，退出绘制模式。

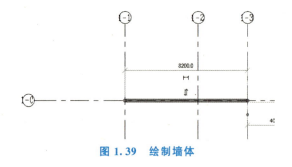

图1.39　绘制墙体

特别提示

当绘制墙体的方向不同时，墙体的内外侧会发生调转，因此应尽量顺时针绘制墙体，以保证墙体的外侧向外。

在遇到门窗洞口时不用中断墙体，因为门窗必须放置在墙体上，当安放门窗时会自动形成洞口。

同一楼层，墙体的底标高不尽相同，绘制时要注意高度值，还要注意墙体的厚度是否准确。对于柱体可以先行忽略，后期再处理。绘制好的墙体可以在三维视图中进行观察，单击"视图"选项卡→"创建"面板→"三维视图"命令，可以进入三维视图观看。

步骤四：墙体类型的选择

当绘制250 mm的墙体时，类型选择器中没有对应厚度，我们需要新建250 mm墙体。选择"基本墙 常规-200 mm"，单击属性面板上的"编辑类型"（图1.40），弹出"类型属性"对话框（图1.41）。

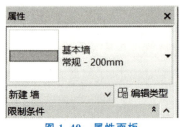

图1.40　属性面板

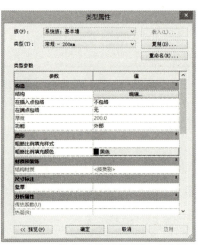

图1.41　墙体"类型属性"对话框

单击"复制"按钮，重新命名"常规-250 mm"，单击"确定"按钮（图1.42），此时类型的名称由"常规—200 mm"变为"常规—250 mm"。单击"编辑"按钮,出现"编辑部件"对话框(图1.43),将厚度改为250 mm,完成后单击"确定"按钮,此时即建立了一个250 mm的墙体。将图中250 mm厚的墙体按照上面讲的绘制方法绘制完成。其他厚度的墙体同理绘制。对于弧形墙面可以采用拾取墙来创建。拾取墙的方法和拾取标高轴网(参见任务1.1.3)的方法相同。

图1.42 "名称"选项卡

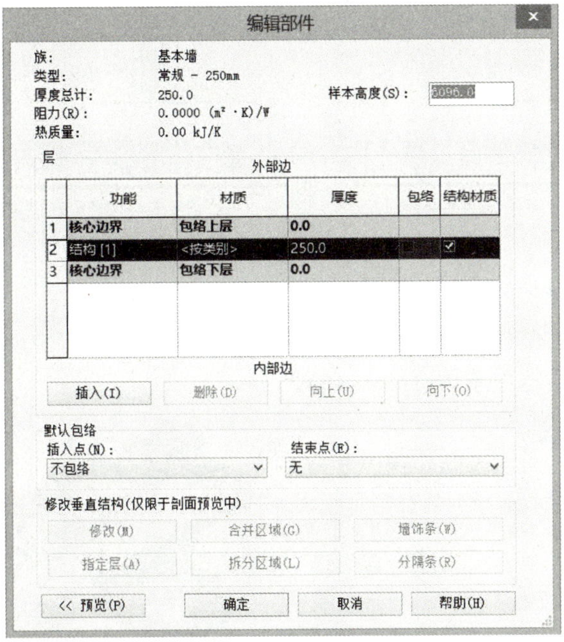

图1.43 "编辑部件"对话框

根据建筑施工图中建筑立面图部分,北立面的墙底标高为±0.000 m,东立面的墙底标高可以从−0.600 m开始绘制,南立面墙体底标高可以从−1.050 m开始绘制。

步骤五:编辑墙体构造层

选择一面绘制好的墙,单击属性面板中的"编辑类型",出现"编辑部件"对话框(图1.43),默认有2个核心边界和1个结构层。

(1)功能:用来区分结构层。单击结构层,在下拉列表中出现的功能有5种,分别是结构、衬底、保温层/空气层、面层1和核心边界。

(2)材质:单击按类别后面的方块,弹出材质浏览器,可以选择对应的材料。

(3)厚度:设置各层的厚度。涂膜层的厚度默认为0,其他层的厚度最小为0.8。

 **特别提示**

核心边界的厚度是指核心层与包络层的界限。

项目中墙体的构造层做法不一，并且涉及内外墙面不同，可以组合成很多种墙体。设置时可以插入、删除，或者上下移动构造层。以本项目为例，按照图 1.44 来命名墙体并设置好墙体构造。设置好的墙体构造层都会存在于"编辑部件"对话框中（图 1.45）。

图 1.44　CAD 图纸墙体做法

步骤六：替换墙体构造

选中其他绘制好的墙体，在类型选择器中，选择"常规－250 mm"，即可用墙体构造层编辑完成的墙体替换选中墙体（图 1.46）。

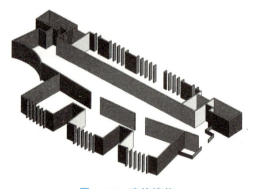

图 1.45　墙体构造层　　　　图 1.46　建筑墙体

 **特别提示**

对于一段墙体有两种不同的构造，可以先将墙体打断变成两段，再进行替换。单击需要打断的墙体，进入到"修改|墙"上下文选项卡，在修改面板中单击"拆分图元"命令，光标会变成一把小刀，在墙体上需要打断的位置单击一下，墙体就被拆分为两段。

> 做一做
>
> 按照本项目配套图纸创建内外墙。

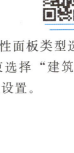
幕墙的绘制

2. 幕墙的绘制

步骤一：选择幕墙

单击"建筑"选项卡→"墙"下拉选项→"墙：建筑"命令，在属性面板类型选择器中选择"幕墙"（图1.47），幕墙的绘制与墙体的绘制相同，顶部约束选择"建筑F4"（图1.48）。绘制的幕墙没有网格、竖梃等构件，需要按步骤二、步骤三设置。

图1.47 幕墙属性选项卡

图1.48 幕墙属性面板

步骤二：创建网格

单击"建筑"选项卡→"幕墙网格"命令（图1.49），在立面视图中放置网格，放置横向网格时光标要靠近幕墙竖向边缘，放置竖向网格时光标要靠近幕墙横向边缘。网格的放置如图1.50所示。

图1.49 "幕墙网格"命令

图1.50 网格放置

步骤三：创建竖梃

单击"建筑"选项卡→"竖梃"命令，在上一步骤中设置的网格上放置竖梃。在属性面板中可以更改竖梃类型（图1.51），在"类型属性"中可以设置其他属性（图1.52）。一般项目中对竖梃没有详细要求，所以竖梃的类型用默认类型即可，颜色可以根据效果图在"类型属性"中改变，绘制完成后如图1.53所示。

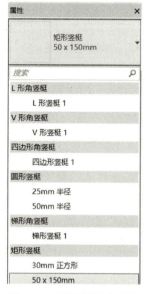

图 1.51 竖梃属性选项卡

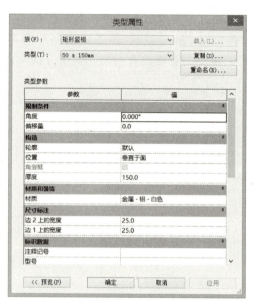

图 1.52 幕墙类型属性

图 1.53 幕墙完成图

做一做

按照本项目图纸创建幕墙。

3. 其他层墙体的绘制

其他层的墙体绘制方式与F1的墙体绘制方式相同。若两层墙体相同或者基本相同，可以采用复制的方式，将一层的全部墙体复制到另一层，具体操作步骤如下。

框选 F1 全部墙体，在"修改|墙"选项卡中单击"粘贴"→"与选定的标高对齐"命令（图 1.54），选择需要粘贴的楼层，如"建筑 F2(4.500)"，单击"确定"按钮（图 1.55）。此时 F1 的墙体已经全部复制到了 F2，完成后的墙体如图 1.56 所示，之后可再进行细部修改。

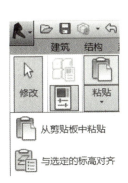

图 1.54　粘贴

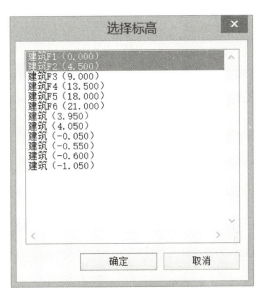

图 1.55　选择标高

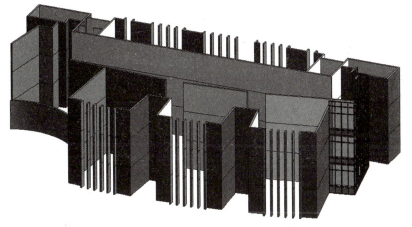

图 1.56　F2 复制墙体完成图

特别提示

过滤器：框选时，经常包含很多种类的图元，比如既有墙，又有立面符号、CAD 底图等，这时需要用到过滤器来筛选出所需要的东西。点开过滤器后，将不需要的内容取消选中，单击"确定"后即显示被选中的内容。

异形墙体的绘制

4. 异形墙体的绘制

步骤一：创建参照平面

参照平面绘制后呈一条直线，由于垂直于当前平面，并与当前平面相交于一条直线，不论绘制的线有多长，这个参照平面都是无限延伸的。所以参照平面只在辅助作图中使用，并没有固定长度。

在F1平面视图中绘制参照平面（图1.57），中间十字参照平面的中心和椭圆中心重合。

绘制外圈的参照平面时，不用考虑间距。可先绘制两横两纵4个参照平面，之后再单击左边的参照平面，Revit将自动显示该参照平面与最近平行线的距离，此时单击距离数值，修改为准确值即可。本项目中横向半径为9000 mm，纵向半径为7000 mm。

外圈参照平面内侧还有4个参照平面，距离外圈均为150 mm，即异形墙的厚度（图1.58）。

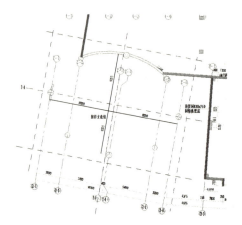

图1.57 弧墙圆心参照平面

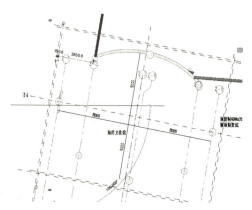

图1.58 弧墙厚度参照平面

步骤二：绘制参照平面

在轴线②-③，即参照平面的中心交线处，要先绘制一个剖面。单击"视图"选项卡→"创建"面板→"剖面"命令（图1.59），会在项目浏览器中看到新生成一个"剖面1"视图（图1.60）。继续绘制两个斜参照平面，两平面间角度为96.34°，角度可通过"修改|放置尺寸标注"选项卡→"尺寸标注"面板→"角度"命令来实现（图1.61）。

图1.59 "剖面"命令

图1.60 项目浏览器剖面视图

项目1 建筑BIM模型的创建

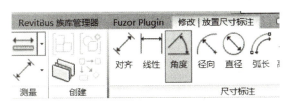

图 1.61 修改角度

步骤三：角度标注

选择"修改｜放置尺寸标注"选项卡→"测量"面板→"角度尺寸标注"命令，先单击刚绘制的斜参照平面，再单击一层标高线，这时会显示角度值，将数值修改为"96.34"，单击"确定"后退出测量命令。

在这两条斜参照平面与14.7 m标高的交点处分别画一条垂直参考平面，作为异形墙体最上端的边界。在两条垂直参照平面内侧再画间距为150 mm的小参照平面，作为异形墙体的厚度（图1.62）。

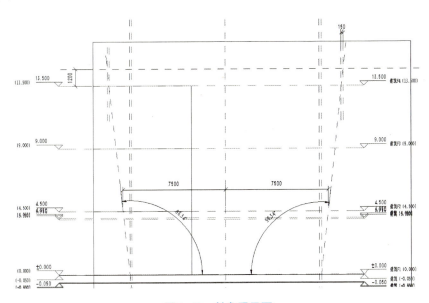

图 1.62 斜参照平面

在Ⓒ轴处画一个剖面2，剖面1和剖面2的交线是Ⓐ轴和Ⓑ轴的交线。转到剖面2视图，再画两个斜参照平面、一个垂直平面和两条小参照线，即完成全部参照平面绘制（图1.63）。

步骤四：内建模型

在F1平面视图中，单击"建筑"选项卡→"构件"下拉选项→"内建模型"命令（图1.64），弹出"族类别和族参数"对话框（图1.65）。此对话框用于将内建模型进行分类，以便赋予模型相应的属性。因为要建异形墙体，在此我们选择族类别为"墙"，单击"确定"按钮，可以为墙赋予名称，如椭圆台体，再次确定后即进入内建模型的创建面板。

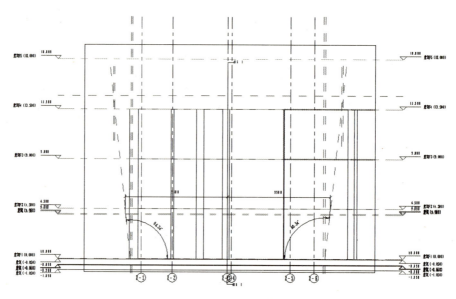

图 1.63 全部参照平面

图 1.64 "内建模型"命令

图 1.65 "族类别和族参数"对话框

步骤五：融合

选择 F1 平面图，单击"创建"选项卡→"形状"面板→"融合"命令（图 1.66），在"修改│创建融合底部边界"选项卡下选择"绘制"面板中的"椭圆"命令（图 1.67），单击十字参照平面中点进行绘制，使椭圆与外侧参照平面相切。先确定横向半径，再确定纵向半径（图 1.68），单击"编辑顶部"则此图形变为灰显。

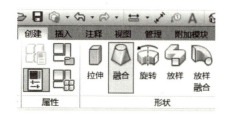

图 1.66 "融合"命令

图 1.67 "椭圆"命令

选择 F4 平面图，单击"编辑底部"，将属性面板中第二端点改为"14700"。绘制新的椭圆，同样使椭圆与外侧参照平面相切（图 1.69），单击 ✓ 完成此步绘制。切换到南立面视图中检查绘制是否正确，如果高度不够则拖动上方箭头进行修改。这样绘制出的椭圆形体构件是实心的（图 1.70），而异形墙的中间是空心的、外圈是墙体，还需要创建空心放样融合。

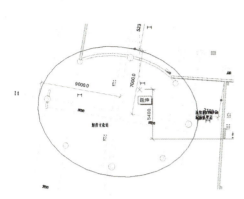

图 1.68　绘制底部椭圆

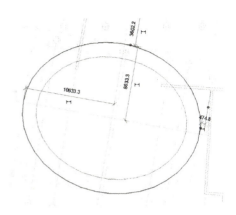

图 1.69　绘制顶部椭圆

步骤六：创建空心放样融合

选择 F1 平面图，单击"创建"选项卡中的"空心形状"下拉选项→"空心放样融合"命令（图 1.71），选择绘制中的"椭圆"命令，单击十字参照平面中点进行绘制，使椭圆与内侧参照平面相切，单击"编辑顶部"使新的内切椭圆灰显。

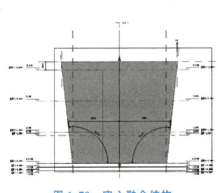

图 1.70　实心融合结构

图 1.71　"空心放样融合"命令

再选择 F4 平面图，单击"编辑底部"，将属性面板中第二端点改为"14700"。绘制新的椭圆，同样使椭圆与内侧参照平面相切，单击 ✓ 完成此步绘制。

单击"完成模型"，则椭圆形体构件变为空心，可以在三维视图中观察其形状是否正确。

步骤七：完成绘制

单击任意墙体→"属性面板"→"编辑类型"中可以编辑材质。完成异形墙体的绘制（图 1.72）。

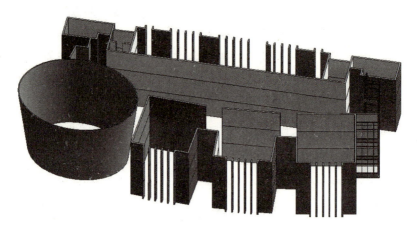

图1.72 椭圆墙体完成图

特别提示

绘制异形构件，Revit 中有很多方法。本项目中有一面椭圆台体的墙面，既是弧形墙，又是倾斜墙。在 Revit 中墙族不能绘制倾斜墙面，则需要用别的方法来绘制。本项目中采用"内建模型"来绘制异形墙体，内建模型可以有拉伸、融合、旋转、放样、空心放样融合、空心形状、模型线等绘制方法进行创建。

做一做

按照本项目图纸创建本项目所有幕墙和异形墙。

任务 1.2.2　绘制门窗

在 Revit 系统中自带了很多类型的门窗族，默认路径为 C:\ProgramData\Autodesk\RVT 2016\Libraries\China。如果这些类型的门窗仍不能满足建模需要的话，可以创建新的门窗族。

放置门窗

步骤一：载入门窗

在"插入"选项面板里，单击"载入族"命令（图1.73），弹出对话框，选择"建筑"文件夹→"门"或"窗"文件夹，选择某一类型的门或窗载入到项目中。

步骤二：放置门窗

打开任意一个平面、立面、剖面或三维视图，单击"建筑"选项卡中"门"或"窗"命令（图1.74）。从类型选择器下拉列表中选择门窗类型。将光标移动到墙上以显示门窗的预览图像，单击放置门窗（图1.75）。

项目1 建筑BIM模型的创建

图 1.73 "载入族"命令

图 1.74 "门""窗"命令

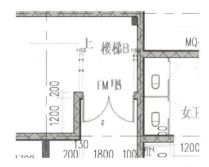

图 1.75 放置门窗

步骤三：修改门窗属性

在属性面板中修改门窗属性。选择门窗，在"类型选择器"中修改门窗类型，在"实例属性"中修改"限制条件"，在"类型属性"中修改"构造""材质和装饰""标识数据"等值（图 1.76）。

步骤四：修改门窗显示

在绘图区域修改门窗显示。选择门窗，通过单击左右箭头、上下箭头修改门窗的方向，如图 1.77 门开启方向修改所示，通过单击临时尺寸标注并输入新值，以修改门窗的定位。

图 1.76 门窗属性修改

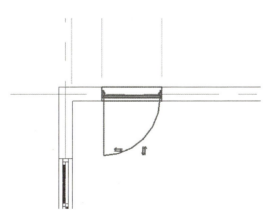

图 1.77 门开启方向修改

045

步骤五：门窗标记

以放置门为例，单击"修改|放置 门"选项卡→"标记"面板→"在放置时进行标记"命令（图1.78），可以在放置门时自动标记；也可以在放置门后，单击"注释"选项卡→"标记"面板→"按类别标记"命令，对门逐个进行标记，或单击"全部标记"对门窗进行一次性全部标记（图1.79）。窗的标记与门相同，在此不再与赘述。

图1.78　"在放置时进行标记"命令

图1.79　标记面板

步骤六：创建门窗类型

复制创建门窗类型。以复制创建一个1200 mm×1200 mm的双扇推拉窗为例，选中窗之后，在属性面板中选择"编辑类型"复制一个类型，命名为"1200×1200 mm"（图1.80）。然后将高度和宽度均改为"1200.0"，单击"确定"按钮即可（图1.81）。

图1.80　复制门窗命名　　　　　　　　图1.81　尺寸修改

任务1.2.3　绘制建筑楼板、屋顶和楼梯、坡道

1. 楼板的创建

楼板的创建

楼板和天花板的创建方式相同，现以楼板为例讲解创建楼板和天花板的绘制方法。

楼板默认为顶标高为平面视图的标高，即当选择F1平面视图绘制楼板时，楼板的顶面标高为0.000 m。

步骤一：选择建筑楼板

在平面视图中，单击"建筑"选项卡→"构建"面板→"楼板"下拉选项→"楼板：建筑"命令（图1.82），选择"建筑楼板"，进入到楼板的草图模式中。

项目1 建筑BIM模型的创建

图1.82 "楼板：建筑"命令

步骤二：绘制楼板边界

楼板的绘制即绘制闭合的楼板边界，既可以使用直接绘制，也可以通过拾取墙来完成。单击工具栏中 ✓ 完成编辑模式（图1.83）。

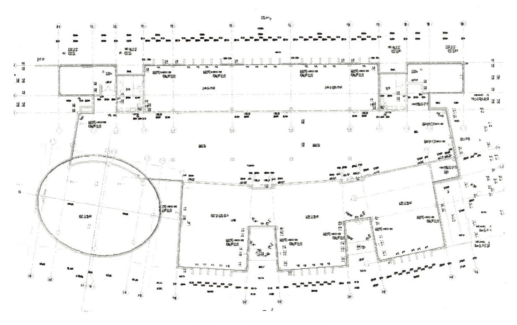

图1.83 编辑楼板轮廓

步骤三：修改楼板

单击选择楼板，在属性面板中修改楼板的类型、标高等值（图1.84）。单击"编辑边界"命令，可以用修改面板中的"偏移""移动""删除"等命令对楼板边界进行编辑，或用绘制面板中的"直线""矩形""弧形"等命令绘制楼板边界。修改完成后单击 ✓ 完成编辑。

屋顶的绘制

2. 屋顶的绘制

Revit中有多种屋顶创建的方法，可以根据屋顶的特点来选择，其中包

047

括迹线屋顶、拉伸屋顶和面屋顶。本项目中的屋顶是倾斜屋面且有弧度造型，因此以拉伸屋顶的做法来讲解屋顶的创建。

步骤一：选择拉伸屋顶

打开屋顶平面视图，单击"建筑"选项卡→"屋顶"面板→"拉伸屋顶"命令（图 1.85）。

图 1.84　楼板属性

图 1.85　"拉伸屋顶"命令

步骤二：拾取参照平面

在"工作平面"对话框选择"拾取一个平面"单选项（图 1.86），这个平面即为绘制拉伸屋顶剖切面轮廓线的平面，如拾取⑫号轴网平面。在弹出的"转到视图"对话框中（图 1.87），选择一个可见的立面，如"立面：东"，单击"打开视图"按钮，弹出"屋顶参照标高和偏移"对话框（图 1.88），设置标高和偏移值，即完成参照平面的拾取工作。

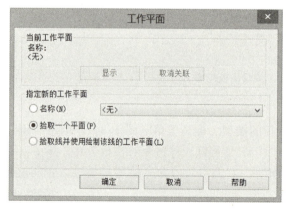

图 1.86　"工作平面"对话框

图 1.87　"转到视图"对话框

图 1.88 "屋顶参照标高和偏移"对话框

步骤三：绘制屋顶

用绘制面板的直线绘制工具，绘制一条开放的直线，即屋顶纵切的线型（图 1.89）。打开屋顶平面图，将拉伸屋顶的一端拖动至准确位置（图 1.90）。

如何绘制迹线屋顶

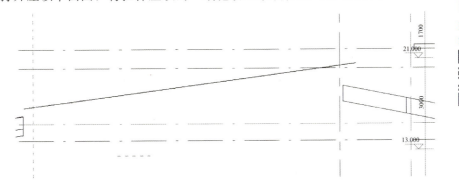

图 1.89 屋顶纵切的线型

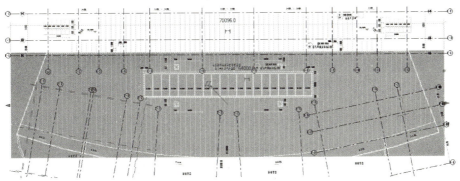

图 1.90 完成绘制屋顶

步骤四：编辑屋顶形状

此时绘制的屋顶为长条形屋顶，没有造型，需要对屋顶进行编辑。可以对屋顶进行开洞处理，将不需要的部分隐藏掉。单击屋顶，在"修改|屋顶"选项卡中选择"洞口"面板→"垂直"命令（图 1.91），如图绘制洞口封闭轮廓（图 1.92）。单击"确定"后，绘制的封闭部分屋顶即被隐藏掉。

图 1.91 "垂直"命令

步骤五：对屋顶的编辑类型进行编辑

单击屋顶属性面板的编辑类型，将屋顶的厚度、结构按项目相关做法说明进行设置，即完成屋顶的创建（图 1.93）。

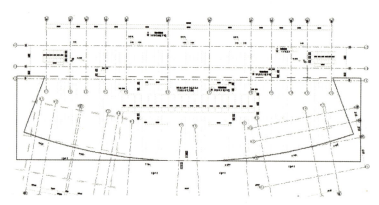

图 1.92 洞口封闭轮廓

图 1.93 完成后的屋顶

3. 楼梯的创建

项目中楼梯的创建一般采用按草图绘制,也可以通过定义楼梯梯段或绘制踢面线和边界线,在平面视图中创建楼梯。

步骤一:创建楼梯

打开 F1 楼层平面,单击"建筑"选项卡→"楼梯"下拉选项→"楼梯(按草图)"命令(图 1.94)。

步骤二:设置楼梯参数

按图纸标注属性信息设置楼梯属性面板中的各项数值,本项目楼梯参数设置如图 1.95 所示。

楼梯的创建

图 1.94 "楼梯"命令

图 1.95 楼梯参数设置

步骤三：绘制楼梯

单击楼梯段起始位置开始绘制梯段，在达到所需的踏步数后单击，完成梯段绘制，并定位休息平台左边线。

步骤四：绘制踢面

沿延伸线拖动光标，单击以开始绘制剩下的踢面（图1.96）。

步骤五：完成楼梯的创建

单击完成编辑模式。完成的楼梯自带扶手，如果不需要删除即可（图1.97）。

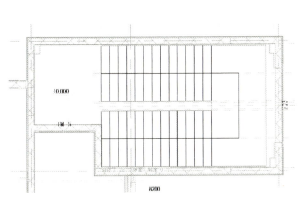

图1.96 楼梯平面

图1.97 楼梯完成图

特别提示

楼梯的创建可以将楼梯的图纸切块导入绘图区，并与绘制的楼梯进行比对，保证绘制的准确性。

4. 坡道的创建

项目中有要完成的坡道。绘制坡道前，可以先绘制参考平面对坡道的直线段、休息平台、坡道宽度等进行定位，可以将坡道属性面板中的"顶部标高"设置为当前标高，并将"顶部偏移"设置为坡道高度。

坡道的创建

步骤一：选择坡道

打开平面视图，单击"建筑"选项卡→"楼梯坡道"面板→"坡道"命令（图1.98），进入草图绘制模式。

步骤二：设置坡道参数

在属性面板中修改坡道属性（图1.99）。

图1.98 "坡道"命令

步骤三：绘制坡道梯段

单击"修改|创建 坡道草图"选项卡→"绘制"面板→"梯段"命令，默认值是通过"直线"命令绘制梯段的（图 1.100）。将光标放置在绘图区域中，并拖动光标绘制坡道梯段。

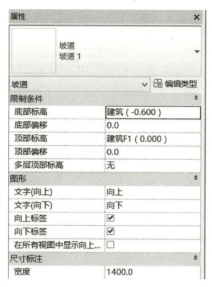

图 1.99 坡道属性

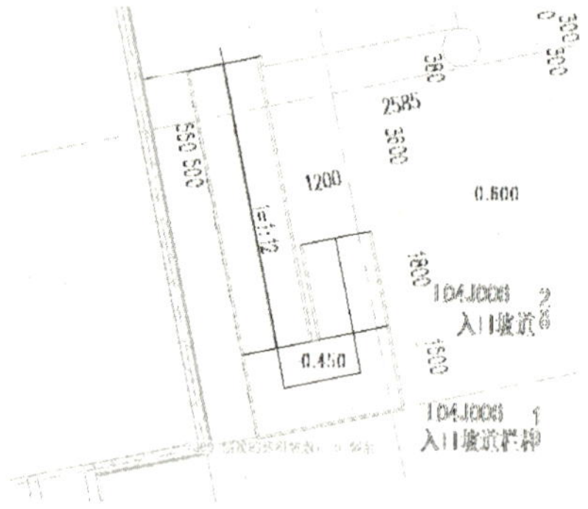

图 1.100 绘制梯段

步骤四：修改坡道类型

在草图模式中单击属性面板上"编辑类型"，修改坡道的"实例属性"即可。

步骤五：完成坡道的创建

单击"确定"完成编辑模式。

其他台阶、散水和雨篷的创建需要建立简单的族，将会在后续创建族的章节中进行讲解。

✓ 巩固与提升

（1）对照图 1.101，梳理自己所掌握的知识体系，并与同学相互交流对某些知识点或技能技巧的理解。

扬工匠精神，筑世界奇迹

知识点	关键命令
墙体、门窗的创建	绘制，属性编辑，放置
楼板的创建	板边界，拾取，增加点编辑
屋顶的创建	迹线屋顶，拉伸屋顶，面屋顶
楼梯的创建	编辑草图，栏杆，扶手
坡道的创建	拾取，绘制坡道，修改方向

图 1.101 知识体系

（2）在屋顶的创建中，还经常用到迹线屋顶。自主学习右侧二维码中迹线屋顶的绘制方法。

项目1 建筑BIM模型的创建

任务1.3　创建体量模型

体量模型是使用形状描绘建筑模型的概念。建立体量模型的方法主要有两种：一是内建体量，此体量不能在其他项目中重复使用；二是新建概念体量族，可以在其他任意项目中重复使用。不管是哪种建模方法，创建体量模型的基本方法都相同，即包含拉伸、旋转、融合和放样等方法。

任务目标

通过本任务的学习，学生应达到以下目标。
（1）了解体量的概念。
（2）掌握体量绘制的基本方法。
（3）掌握基于体量创建单体。

任务内容

用创建表面形状和创建几何形状的方法，完成图纸中的异形部分。

实施条件

Revit 软件。

1. 创建表面形状

步骤一：新建概念体量

单击"应用程序"→"新建"选项卡→"概念体量"命令（图1.102），在弹出的对话框中单击"公制体量"文件→"打开"按钮（图1.103）。在概念设计环境中，表面要基于开放的线或边（而非闭合轮廓）创建。

图1.102　新建概念体量

图1.103　"公制体量"文件

新建概念体量

053

步骤二：绘制体量图形

单击菜单栏中的"创建"选项卡→"绘制"面板→"通过点的样条曲线"命令（图1.104），在绘图区域中绘制模型线、参照线（图1.105）。

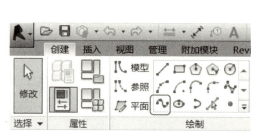

图1.104 "通过点的样条曲线"命令

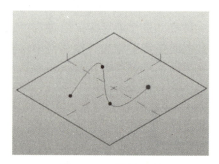

图1.105 体量路径

步骤三：绘制表面形状

单击"修改|线"选项卡→"形状"面板→"创建形状"下拉选项→"实心形状"或"空心形状"命令（图1.106），此时线或边将拉伸成为表面（图1.107）。

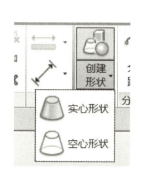

图1.106 创建表面形状

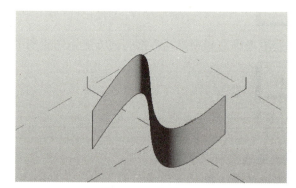

图1.107 完成表面

特别提示

绘制闭合的二维几何图形时，在选项栏上选择"根据闭合的环生成表面"以自动绘制表面形状。

2. 创建几何形状

步骤一：绘制体量图形

单击"创建"选项卡→"绘制"面板→"直线""矩形"等命令，在绘图区域中绘制闭合的模型轮廓线、参照线（图1.108）。

步骤二：绘制几何形状

单击"修改|线"选项卡→"形状"面板→"创建形状"下拉选项→"实心形状"或"空心形状"命令，将选中的闭合的模型轮廓线、参照线拉伸成为几何形状（图1.109）。

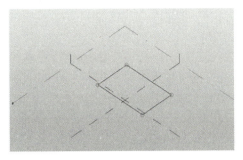
图 1.108 绘制轮廓

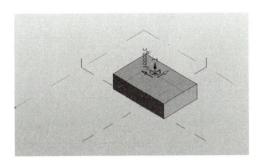
图 1.109 创建几何形状

3. 创建旋转形状

旋转形状可以从线和共享工作平面的二维轮廓来创建。旋转中的线用于定义旋转轴，二维轮廓绕该轴旋转后形成三维形状。

步骤一：绘制旋转轴与二维轮廓

在工作平面上绘制一条线，在同一工作平面上临近该线绘制一个闭合轮廓（图 1.110）。

步骤二：绘制旋转形状

选择线和闭合轮廓，单击"修改|线"选项卡→"形状"面板→"创建形状"下拉选项→"实心形状"命令，即完成创建旋转形状（图 1.111）。

> 体量的创建方法：拉伸与旋转

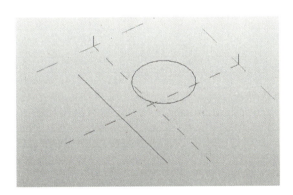
图 1.110 闭合轮廓

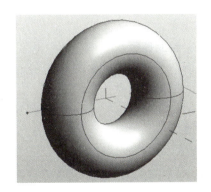
图 1.111 创建旋转形状

特别提示

（1）可以使用未构成闭合环的线来创建表面旋转。

（2）若要打开旋转形状，可选中旋转轮廓的外边缘。将控制箭头拖动到新的位置（图 1.112、图 1.113）。

（3）使用透视模式有助于识别边缘。

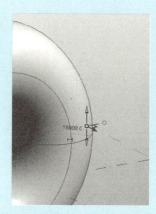
图 1.112　选中轮廓外边缘

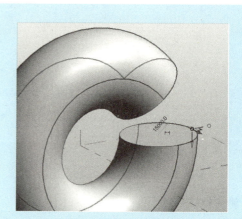
图 1.113　打开轮廓

4. 创建放样形状

放样形状是从线和垂直于线所绘制的二维轮廓中创建的。放样中的线定义了通过二维轮廓来创建三维形状的路径。轮廓由线处理组成，线处理垂直于用于定义路径的一条或多条线而绘制。

如果轮廓是基于闭合环生成的，则可以使用多分段的路径来创建放样。如果轮廓不是闭合的，则不会沿多分段路径进行放样；如果路径是由一条线构成的，则使用开放的轮廓来创建放样。

步骤一：绘制路径

绘制一系列关键点连在一起的线来构成路径（图 1.114）。

步骤二：绘制参照点

单击"创建"选项卡→"绘制"面板→"点图元"命令（图 1.115），然后沿路径单击以放置参照点。

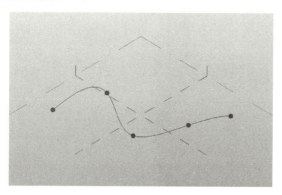

图 1.114　绘制路径关键点　　　　　图 1.115　"点图元"命令

步骤三：绘制轮廓

选择参照点，工作平面将显示出来（图 1.116）。在工作平面上绘制一个闭合轮廓（图 1.117）。

项目1　建筑BIM模型的创建

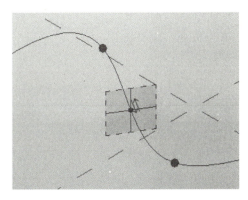

图 1.116　显示工作平面

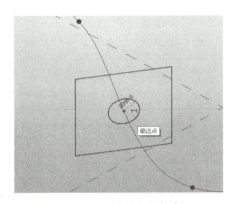

图 1.117　绘制闭合轮廓

步骤四：完成放样

选择线和轮廓，单击"修改|线"选项卡→"形状"面板→"创建形状"下拉选项→"实心形状"命令，即完成创建放样形状（图 1.118）。

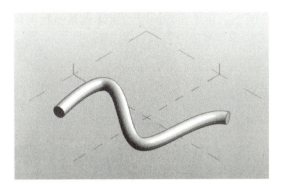

图 1.118　完成放样形状

5. 创建融合形状

分别在不同工作平面上绘制的两个或多个二维轮廓来创建融合形状。生成融合几何图形时，轮廓可以是开放的，也可以是闭合的。

步骤一：绘制轮廓

先任选一个工作平面，在该工作平面上绘制一个闭合轮廓（图 1.119）。再选择其他工作平面（图 1.120），绘制新的闭合轮廓（图 1.121）。

体量的创建方法：融合与放样

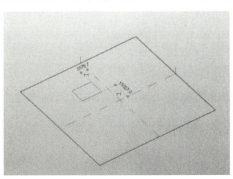

图 1.119　绘制闭合轮廓

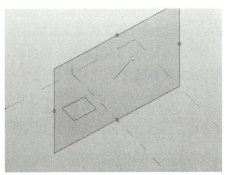

图 1.120　选择其他工作平面

步骤二：创建形状

单击"修改|线"选项卡→"形状"面板→"创建形状"下拉选项→"实心形状"命令（图 1.122）。

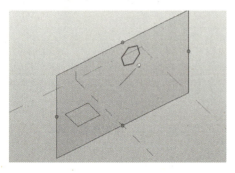

图 1.121　绘制新的闭合轮廓

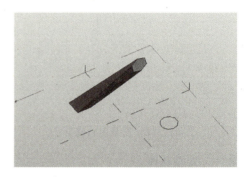

图 1.122　创建形状

步骤三：融合形状

在保持每个轮廓都在唯一工作平面的同时，重复步骤一到步骤二，即完成创建融合形状（图 1.123）。

图 1.123　融合形状完成图

体量的创建方法：放样融合

6. 创建放样融合形状

放样融合是由两个或多个二维轮廓通过一定的路径（线）创建放样并且融合形状。其路径是一条直线或者曲线，与放样不同，一次放样融合不能同时沿多段路径进行创建。二维轮廓是由曲线或直线组合形成的平面，轮廓可以打开、闭合或是由这两种形式组合形成。

步骤一：绘制路径

选择模型线中的通过点的样条曲线，绘制线以形成路径（图 1.124）。

步骤二：放置参照点

单击"创建"选项卡→"绘制"面板→"点图元"命令，然后沿路径放置放样融合轮廓的参照点。

步骤三：绘制轮廓

选择一个参照点在其工作平面上绘制一个闭合轮廓，并按此法绘制其余参照点的轮廓（图 1.125）。

项目1 建筑BIM模型的创建

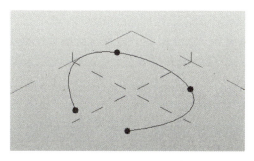

图1.124 形成放样路径

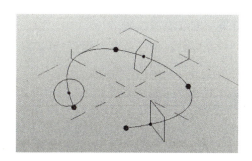

图1.125 放置参照点

步骤四：创建形状

选择路径和轮廓，单击"修改|线"选项卡→"形状"面板→"创建形状"下拉选项→"实心形状"命令，即完成放样融合形状（图1.126）。

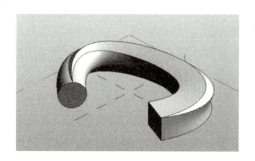

图1.126 放样融合形状完成图

7．向形状中添加轮廓

向形状中添加轮廓可用其直接操纵概念设计中的形状。

向形状中添加轮廓

步骤一：选择形状

选择一个形状。单击"修改|形状图元"选项卡→"形状图元"面板→"透视"命令（图1.127）。

步骤二：添加轮廓

单击"修改|形状图元"选项卡→"形状图元"面板→"添加轮廓"命令（图1.127）。

步骤三：放置轮廓

将光标移动到形状上方，可以预览轮廓的位置。单击放置轮廓（图1.128），生成的轮廓平行于最初创建形状的几何图元，垂直于拉伸的轨迹中心线。

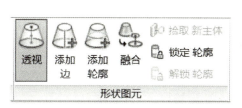

图1.127 透视及添加轮廓

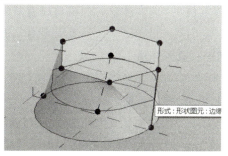

图1.128 放置轮廓

059

步骤四：完成添加轮廓

当完成后，再次单击"修改|形状图元"选项卡→"形状图元"面板→"透视"命令，以返回到默认的编辑模式。

> **特别提示**
>
> 用"创建空心形状"工具来创建负几何图形（空心）以剪切实心几何图形，创建空心形状的基本方法和创建实心形状的基本形状一样，只是在创建形状面板下选择空心形状。

8. 修改编辑体量

编辑形状的源几何图形来调整其形状。

步骤一：选择形状

选择一个形状，单击"修改|形状图元"选项卡→"形状图元"面板→"透视"命令。形状会显示其几何图形和节点。

步骤二：修改编辑

可以选择形状和三维控件显示的任意图元以重新定位节点和线，也可以在透视模式中添加和删除轮廓、边和顶点。如有必要，可重复按 Tab 键以高亮显示可选择的图元。

步骤三：编辑形状

重新调整源几何图形以调整形状。

步骤四：完成修改编辑体量

完成后，选择形状并单击"修改|形状图元"选项卡→"形状图元"面板→"透视"命令，以返回到默认的编辑模式。

9. 基于体量创建墙、屋顶、楼板等构件

建筑构件还可以用体量实例、常规模型、导入实体和多边形网络的面来创建，包括墙、楼板、幕墙及屋顶等。下面以"面墙"命令为例，讲解如何基于体量创建建筑图元。

使用"面墙"命令，通过拾取线或面从体量实例创建墙。此命令将墙放置在体量实例或常规模型的非水平面上。但使用"面墙"命令创建的墙不会自动更新，若要更新墙，需使用"更新到面"命令。

步骤一：载入体量

将绘制好的体量载入到项目中（图 1.129）。

步骤二：选择"面墙"命令

单击"体量和场地"选项卡→"面模型"面板→"墙"命令（图 1.130），或者单击"建筑"选项卡→"墙"下拉选项→"面墙"命令（图 1.131）。

项目1 建筑BIM模型的创建

图 1.129 "载入到项目"命令

图 1.130 "面"命令

图 1.131 "面墙"命令

步骤三：编辑属性

在类型选择器中，选择一个墙类型（图 1.132）。在选项栏上，选择所需的标高、高度、定位线的值（图 1.133）。

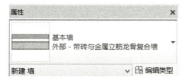

图 1.132 选择墙类型

图 1.133 修改选项栏

步骤四：创建墙体

移动光标以高亮显示某个面（图 1.134），单击选择该面，创建墙体（图 1.135）。

图 1.134 高亮显示选择面

图 1.135 完成面墙

✓ 巩固与提升

（1）对照图 1.136，梳理自己所掌握的知识体系，并与同学相互交流、研讨个人对某些知识点或技能技巧的理解。

（2）创建合适的体量。在项目中创建面屋顶来完成屋顶的绘制。

智慧建造，经世致用

图 1.136 知识体系

任务1.4 创建场地模型

任务目标

通过本任务的学习,学生达到以下目标。
(1) 了解建筑地坪、子面域的概念。
(2) 掌握建立场地的方法。
(3) 掌握放置构件的方法。

任务内容

根据项目外围布置建立项目场地。

实施条件

已经完成的建筑模型。

步骤一:建立地形

在项目浏览器中进入"楼层平面"→"场地"视图(图1.137),单击"体量和场地"选项卡中的"地形表面"命令(图1.138),选择"放置点",设置高程(图1.139),放置高程点(图1.140)。在放置高程点的时候要注意顺序,应按照从左到右、从上到下的顺序来放置。场地材质设置为"场地-草地"(图1.141)。

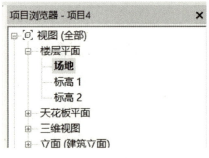

图1.137 "场地"视图

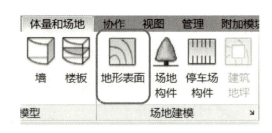

图1.138 地形表面

图1.139 设置高程

项目1　建筑BIM模型的创建

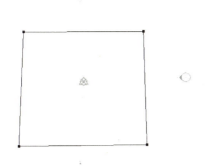

图1.140　放置高程点

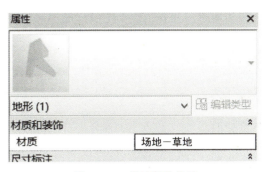

图1.141　场地属性修改

步骤二：添加建筑地坪

在场地平面视图中，单击"体量和场地"选项卡中的"建筑地坪"命令（图1.142），使用绘制工具绘制闭合线段来创建地坪（图1.143）。在属性中根据需要设置"相对标高"和其他建筑地坪属性。

图1.142　"建筑地坪"命令

图1.143　创建地坪

添加地形表面及建筑地坪

步骤三：添加地形表面子面域

在场地平面视图中，单击"体量和场地"选项卡中的"子面域"命令（图1.144）。选择一种绘制工具在地形表面上创建一个子面域（图1.145），如绘制一条道路，材质设置为"沥青"。

图1.144　"子面域"命令

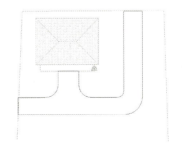

图1.145　创建子面域

063

步骤四：放置场地构件

在场地平面视图中，单击"体量与场地"选项卡→"场地建模"面板→"场地构件"命令，即可在场地平面中放置场地专用构件（图1.146）。

创建场地道路及添加场地构件

图1.146 "场地构件"命令

打开显示要修改的地形表面的视图，单击"体量和场地"选项卡→"场地建模"面板→"场地构件"命令，从"类型选择器"中选择所需要的构件。在绘图区域中单击以添加一个或多个构件，如果没有合适的构件，可以在"插入"选项卡中选择"载入族"命令，即可载入场地构件，如体育设施、篮球场、椅子等。同样操作可载入室内构件。场地构件放置完成的模型如图1.147所示。

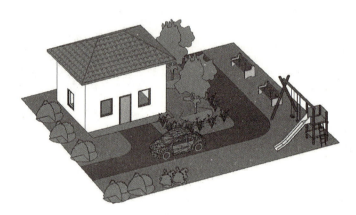

图1.147 场地构件放置完成模型

☑ 巩固与提升

（1）对照图1.148所示的知识体系，并与同学相互交流、研讨个人对某些知识点或技能技巧的理解。

（2）设计一个室外环境，用Revit场地中学到的相关知识进行绘制。

修复与改造，保护我们的绿水青山

知识点	关键命令
建立地形	高程，点放
添加建筑地坪	标高
添加地形表面子面域	闭合线段
放置场地构件	载入族

图1.148 知识体系

任务 1.5　创建族样板

创建族时，软件会特别提示选择一个与该族所要创建的图元类型相对应的族样板。该样板相当于一个构件块，其中包含在开始创建族时及 Revit 在项目中放置族时所需要的信息。

轮廓族属于二维图形，当选择新建族时，会出现样板选项，二维轮廓族是基于公制轮廓样板来建立的，按细分类型可以分为"公制轮廓""公制轮廓-分隔条""公制轮廓-扶栏""公制轮廓-楼梯前缘""公制轮廓-竖梃""公制轮廓-主体"等。以本项目中的散水为例介绍如何创建公制轮廓族。

任务目标

通过本任务的学习，学生应达到以下目标。
(1) 了解族、族参数的概念。
(2) 掌握二维轮廓族的创建方法。
(3) 掌握族的应用方法。
(4) 掌握门窗族的创建方法。

任务内容

本部分要求创建二维轮廓族完成台阶、散水、雨篷构件的绘制；创建门窗族，完成项目门窗的绘制。

实施条件

已完成轴网、墙体、门窗洞口及楼板的建筑模型。

任务 1.5.1　绘制二维轮廓族

步骤一：进入族制作界面

单击"应用程序"按钮→"新建"→"族"命令（图 1.149），在弹出的下拉列表中单击"公制轮廓"样板（图 1.150），进入族创建界面（图 1.151）。

步骤二：绘制轮廓

单击"创建"选项卡→"详图"面板→"直线"命令，进入详图样板界面（图 1.152），绘制轮廓如图 1.153 所示。视图中提供的参考平面的焦点是主体的一条水平线在视图平面上汇聚成的点，将创建好的轮廓放置在主体上的位置点就是此焦点，左边为主体内侧，右边为主体外侧。

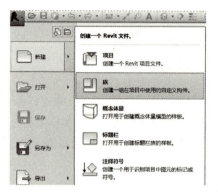

图1.149 新建族

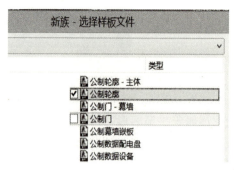

图1.150 选择公制轮廓

图1.151 族创建界面

 特别提示

> 绘制中要注意轮廓是闭合线段，不能有开口。

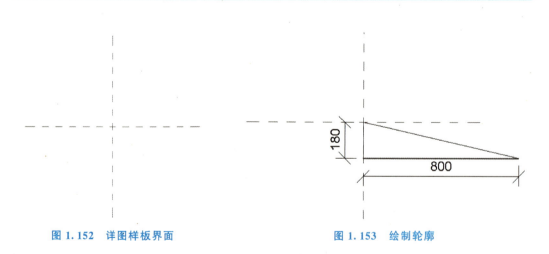

图1.152 详图样板界面   图1.153 绘制轮廓

步骤三：保存

绘制完成后，可以保存族，留待在之后项目中备用。

步骤四：载入

创建好的族可以直接载入到项目中使用（图1.154），也可以打开项目在插入选项卡下选择载入族。

图 1.154 载入项目

步骤五：添加和编辑散水

散水是在建模时归属墙体的连接件，可单击"建筑"选项卡下的"墙：饰条"命令（图 1.155），在"类型属性"对话框下"类型参数"→"构造"→"轮廓"中选择刚刚载入的轮廓族（图 1.156）。散水的高度可以按数值进行更改，长度可以通过拖动散水一端的标记点进行修改。在墙体转角处散水可以自动连接。

在三维视图中，在墙面规定的标高处放置轮廓族，即完成散水的创建（图 1.157）。

图 1.155 "墙：饰条"命令

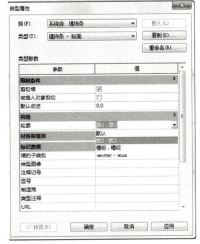

图 1.156 选择载入轮廓族

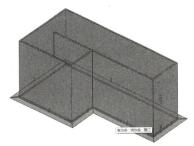

图 1.157 完成散水

特别提示

这种方式建立的散水不能和墙体一样进行分层设置，只能设置总体的材质。

做一做

用同样的方法完成台阶的创建。

台阶、分隔缝、檐沟的创建可以采用同样的方法，在建立好轮廓后载入项目中，选择不同的绘制命令，如台阶选择楼板边、分隔缝选择墙分隔条、檐沟选择屋顶檐槽，之后再在编辑类型中选择新载入的族。

任务 1.5.2　绘制窗族

门窗族的建立是项目中最常用的建族内容，因为每个项目的门窗类型都少有相同，基本上都需要重建门窗族。本部分以窗族为例进行讲解。

步骤一：公制窗族样板

单击"应用程序"按钮→"新建"→"族"按钮，在弹出的对话框中选择"公制窗"文件（图 1.158），单击"打开"按钮进入窗族的设计界面。

公制窗族样板

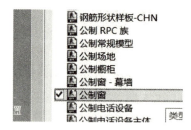

图 1.158　选择公制窗

步骤二：设置工作平面

单击"创建"选项卡→"工作平面"面板→"设置"命令，在弹出的"工作平面"对话框内选择"拾取一个平面"，将墙体中心位置的参照平面作为工作平面，在弹出的"转到视图"对话框中，选择"立面：外部"打开视图（图 1.159）。

设置工作平面

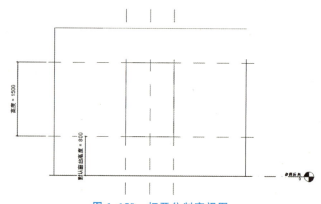

图 1.159　打开公制窗视图

步骤三：为构件添加参数

单击"创建"选项卡→"基准"面板→"参照平面"命令绘制参照平面，使用"尺寸标注"命令标注尺寸，选中一个标注，单击选项栏中"标签"下拉箭头"＜添加参数…＞"（图 1.160）。在弹出的"参数属性"对话框（图 1.161）中确定"参数类型"为"族参数"，在"参数数据"中添加"名称"为"窗框厚度"，并设置其"参数分组方式"为"尺寸标注"，单击"确定"按钮完成构件参数的添加。

项目1　建筑BIM模型的创建

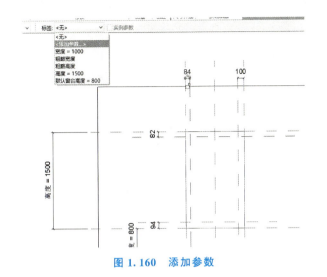

图 1.160　添加参数

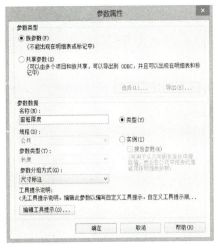

图 1.161　"参数属性"对话框

步骤四：创建窗框

单击"创建"选项卡→"形状"面板→"拉伸"命令（图 1.162），选择矩形绘制方式，以洞口轮廓及参照平面为参照进行轮廓线创建，并与洞口进行锁定，轮廓线绘制完成如图 1.163 所示。

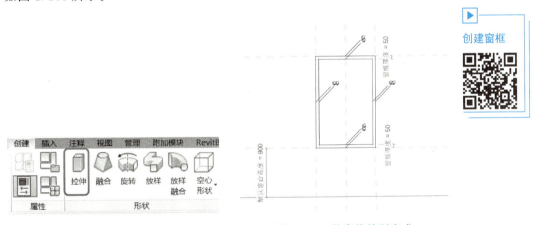

图 1.162　"拉伸"命令　　　　图 1.163　轮廓线绘制完成

单击"注释"面板→"尺寸标注"命令为窗框添加尺寸标注，选择任意窗框→"尺寸标注"命令→选中一个标注→单击选项栏中"标签"下拉箭头→单击"＜添加参数……＞"，在弹出的"参数属性"对话框中为尺寸标注添加"窗框宽度"参数，单击"确定"按钮。

单击"图元"面板→"拉伸属性"命令→"实例属性"对话框→"限制条件"中设置拉伸起点及拉伸终点，将拉伸终点设置为"－40.0"，拉伸起点设置为"40.0"，单击"确定"按钮完成窗框的创建（图 1.164、图 1.165）。

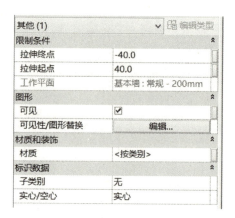

图 1.164 修改属性

图 1.165 完成窗框创建

设置构件的可见性

步骤五：设置构件的可见性

单击"修改|拉伸"选项卡→"形状"面板→"编辑拉伸"命令，再单击"图元"面板→"拉伸属性"命令→"可见性/图形替换"→"编辑"按钮，打开"族图元可见性设置"对话框，设置其视图显示，只将"前/后视图"选中说明在其他视图中此构件不可见，此时窗框构件在平面视图中为灰显状态，单击"确定"按钮即完成构件的可见性设置。

步骤六：添加材质参数

单击"图元"面板→"拉伸属性"命令→"材质"后的矩形按钮，打开"关联族参数"对话框→"添加参数"按钮（图 1.166），在弹出的"参数属性"对话框中为材质参数添加名称为"窗框材质"，参数分组方式为"材质和装饰"，单击"确定"按钮完成材质参数的添加。

添加材质参数

图 1.166 关联族参数

创建开启扇构件并为其添加参数

步骤七：创建开启扇构件并为其添加参数

重复步骤四~步骤六，用相同的方法创建"开启扇"窗框构件，添加"开启扇边框宽度"参数，设置其拉伸终点、拉伸起点、构件的可见性、材质参数，完成开启扇窗框构件的创建（图 1.167）。

步骤八：添加玻璃构件并为其添加参数

重复步骤四~步骤六创建玻璃构件，要注意绘制玻璃轮廓线时一定要与内框进行锁定（图1.168），并设置其拉伸终点、拉伸起点、构件的可见性、材质参数，完成后如图1.169所示。

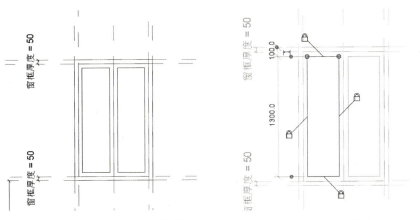

图1.167 创建开启扇窗框构件　　　　图1.168 锁定

图1.169 完成玻璃构件

步骤九：为窗框添加厚度参数

打开"楼层标高"标注窗框及开启扇的厚度并赋予"窗框厚度"参数和"开启扇边框厚度"参数。

 **特别提示**

添加尺寸标注前需先添加EQ标注。

步骤十：添加窗台构件

打开"参照标高"视图，设置其工作平面为左侧或右侧参照平面，使用"实体拉伸工具"，创建轮廓并设置其相应属性，如拉伸终点、拉伸起点、构件的可见性、材质参数等。

步骤十一：测试参数

当所有构件添加完成时，需测试一下所添加参数是否可以正常修改。

单击"创建"选项卡→"族属性"面板→"类型"命令，在弹出的"族类型"对话框（图1.170）中查看其构造、材质和装饰、尺寸标注等参数是否可以正常调整。

测试参数

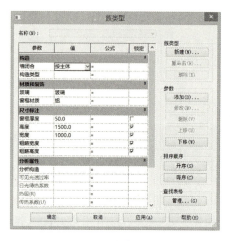

图1.170 族类型属性修改

步骤十二：添加二维显示

打开"参照标高"视图，单击"详图"选项卡→"详图"面板→"符号线"命令（图1.171），在"类型选择器"中选择线类型，绘制二维显示线，并将线的两端与洞口进行锁定。打开"项目浏览器"中任意"左立面"或"右立面"，使用"符号线"绘制窗的剖面正确显示，锁定其与洞口的位置，则窗洞口完成（图1.172）。

添加二维显示

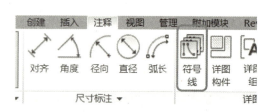

图1.171 "符号线"命令

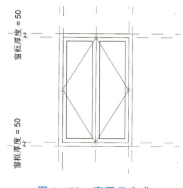

图1.172 窗洞口完成

步骤十三：保存窗族

保存窗族

此时打开一个新的项目文件，将已经创建好的窗族载入到项目中进行相应测试，确定无误后，保存为族文件。在项目中插入窗，测试属性。

 巩固与提升

（1）对照图1.173所掌握的知识体系，并与同学相互交流、研讨个人对

某些知识点或技能技巧的理解。

(2) 创建一个简单的门族。

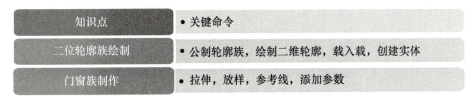

图 1.173　知识体系

任务 1.6　创建方案样板

任务目标

通过本任务的学习，学生应达到以下目标。
(1) 掌握房间的创建方法。
(2) 掌握面积的创建方法。
(3) 掌握明细表的创建方法。
(4) 掌握注释、布图与打印的方法。

任务内容

Revit 中所有的图元都带有自身信息，因此可以进行统计计算。要完成项目中房间的创建、面积的标识、明细表的统计及出图。

实施条件

已完成的建筑模型。

任务 1.6.1　绘制房间

房间是基本图元对建筑模型中的空间进行细分的部分，只在平面视图中放置房间。

1. 房间的创建

步骤一：创建房间

打开平面视图，单击"建筑"选项卡→"房间和面积"选项卡→"房间"命令（图 1.174）。

步骤二：标记房间

要随房间显示房间标记，可单击"修改|放置 房间"选项卡→"标记"面板→"在

放置时进行标记"命令（图 1.175），在绘图区域中单击以放置房间符号和房间名称（图 1.176）。

图 1.174 "房间"命令　　　图 1.175 "在放置时进行标记"命令

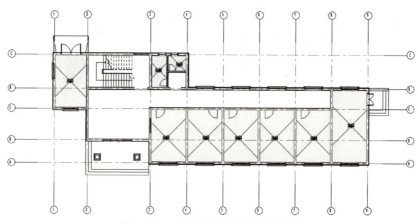

图 1.176　放置房间符号和房间名称

步骤三：修改房间编号及名称

选中房间叉形符号，在属性栏修改房间编号及名称（图 1.177），并对房间的限制条件进行设置（图 1.178）。

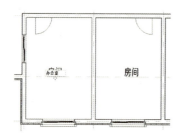

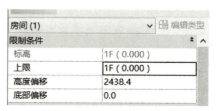

图 1.177　修改房间编号及名称　　　图 1.178　房间限制条件

 **特别提示**

（1）上限，指测量房间上边界的标高。例如，向标高 1 楼层平面添加一个房间，并希望该房间从标高 1 扩展到标高 2 或标高 2 上方的某个点，则可将"上限"指定为"标高 2"。

（2）偏移，指房间上边界距该标高的距离。输入正值表示向"上限"标高上方偏移，输入负值表示向其下方偏移。

单击房间名称，选中"引线"后可使房间标记带引线，如图 1.179 所示。要查看房间边界图元，请单击"修改|放置 房间"选项卡→"房间"面板→"高亮显示边界"命令。

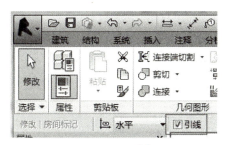

图 1.179　引线

 特别提示

　　如果将房间放置在边界图元形成的范围之内，该房间会充满该范围。也可以将房间放置到自由空间或未完全闭合的空间，稍后在此房间的周围绘制房间边界图元。添加边界图元时，房间则会充满该边界。

2. 房间颜色方案的创建

房间颜色方案可以根据特定值或范围值，将其应用于楼层平面视图，且可以向每个视图应用不同的颜色方案。

 特别提示

　　要使用颜色方案，必须现在项目中定义房间或面积。

步骤一：创建颜色方案

单击"建筑"选项卡→"房间和面积"面板，在下拉列表中选择"颜色方案"选项（图 1.180）。

图 1.180　颜色方案

步骤二：编辑颜色方案

在编辑颜色方案对话框中，将方案类别选择为"房间"选项，复制"方案 1"并命名为"房间颜色按名称"。将方案定义的标题改为"按名称"，颜色选择"名称"，单击中间

的"+"即可添加相应的房间颜色，单击"应用"按钮后再单击"确定"按钮，完成房间颜色方案编辑，如图 1.181 所示。

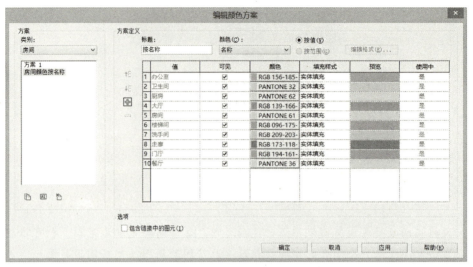

图 1.181　编辑颜色方案

步骤四：命名颜色方案

在楼层平面属性面板中，颜色方案中选择"房间颜色按名称"（图 1.182、图 1.183）。

图 1.182　房间属性面板

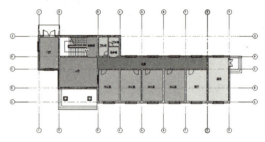

图 1.183　命名颜色方案

任务 1.6.2　绘制面积平面

面积是对建筑模型中的空间进行再分割形成的，其范围通常比各个房间范围大。面积不一定以模型图元为边界，可以绘制面积边界，也可以拾取模型图元作为边界。

步骤一：创建面积平面

单击"建筑"选项卡→"房间和面积"面板→"面积"下拉列表→"面积平面"命令（图 1.184），在"新建面积平面"对话框（图 1.185）中选择"类型"为"净面积"，之后为面积平面视图选择楼层。若要创建唯一的面积平面视图，须选中"不复制现有视图"复选框；若要创建现有面积平面视图的副本，可取消选中"不复制现有视图"复选框。完成后单击"确定"按钮完成面积平面的创建。

项目1 建筑BIM模型的创建

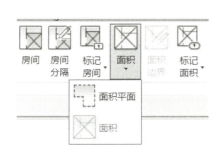

图1.184 "面积平面"命令

图1.185 "新建面积平面"对话框

步骤二：定义面积边界

在新建面积平面后，面积平面视图在"项目浏览器"中的"面积平面"下列出。选择要标注房间面积的楼层，单击"建筑"选项卡→"房间和面积"面板→"面积边界"命令（图1.186），绘制或单击拾取标准房间的四面墙来定义面积边界（图1.187）。

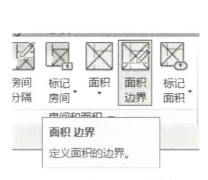

图1.186 "面积边界"命令

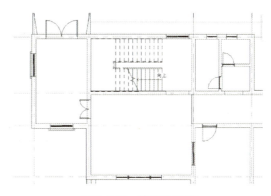

图1.187 拾取边界线

步骤三：创建面积

面积边界定义完成之后，进行面积的创建，面积的创建同房间的创建一样。单击"建筑"选项卡→"房间和面积"面板→"面积"下拉列表→"面积"命令，直接放置自动计算好的面积（图1.188）。

步骤四：创建面积颜色方案

在视图中进行颜色方案的放置。转到面积平面视图"面积平面（净面积）F1"，选择"注释"选项卡→"颜色填充"面板→"颜色填充图例"命令，在视图空白区域放置图例，与放置房间颜色方案图例不同，面积方案的图例会直接弹出"选择空间类型和颜色方案"对话框，选择事先编辑好的面积颜色方案即可（图1.189）。

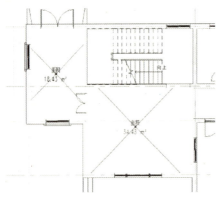

图 1.188　完成面积的创建

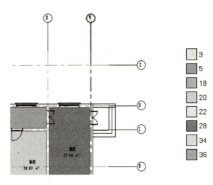

图 1.189　面积颜色方案

做一做

在方案阶段，房间创建和面积统计是很重要的一个指标。绘制 2#教育馆一层平面的房间并统计面积。

任务 1.7　创建建筑明细表

明细表创建

明细表是模型的另一种视图，它显示项目中任意类型图元的信息。明细表以表格形式显示信息，这些信息是从项目中的图元属性中提取的，可以将明细表导出到其他软件中，如 Excel 软件。修改项目时，所有明细表都会自动更新。例如，如果移动一面墙，则房间明细表中的面积也会相应更新。下面以建筑构件明细表和材质提取明细表为例，简要介绍如何创立明细表。

任务目标

通过本任务的学习，学生应达到以下目标。
掌握明细表的创建方法。

任务内容

Revit 中所有的图元都带有自身信息，所以可以做到全项目统计计算。本任务即要完成项目中房间的创建、面积的标识、明细表的统计及出图。

实施条件

已完成的建筑模型。

1. 建筑构件明细表

步骤一：创建建筑构件明细表

单击"视图"选项卡→"创建"面板→"明细表"下拉列表→"明细表/数量"命令（图 1.190）。在弹出的"新建明细表"对话框的"类别"列表中选择一个构件。"名称"文本框中会显示默认名称，可以根据需要修改该名称。选择"建筑构件明细表"后单击"确定"按钮，完成建筑构件明细表的创建（图 1.191）。

图 1.190　"明细表/数量"命令　　　　图 1.191　"新建明细表"对话框

步骤二：编辑建筑构件明细表属性

在"明细表属性"对话框中，指定明细表属性（图 1.192）。在"可用的字段"列表中选择构件属性，添加到"明细表字段（按顺序排列）"列表中，单击"确定"按钮，即生成相应的明细表（图 1.193）。

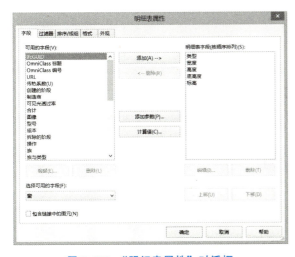

图 1.192　"明细表属性"对话框　　　　图 1.193　生成明细表

2. 材质提取明细表

步骤一：创建材质提取明细表

单击"视图"选项卡→"创建"面板→"明细表"下拉列表→"材质提取"命令。在弹出的"新建材质提取"对话框（图1.194）中"类别"列表中选择一个构件。"名称"文本框中会显示默认名称，可以根据需要修改该名称。单击"确定"按钮，完成材质提取明细表的创建。

材质提取明细表创建

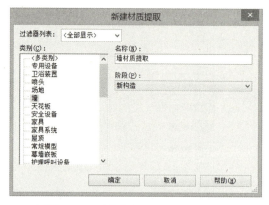

图1.194 "新建材质提取"对话框

步骤二：编辑材质提取明细表属性

在"材质提取属性"对话框中，"可用的字段"选择材质特性，添加到"明细表字段（按顺序排列）"列表中（图1.195），单击"确定"按钮，即生成相应明细表（图1.196）。

图1.195 "材料提取属性"对话框

图1.196 材质提取明细表

 特别提示

（1）可以选择对明细表进行排序、成组或格式操作。
（2）该视图会在项目浏览器的"明细表/数量"栏下列出。

做一做

明细表是 BIM 模型中一个重要的特色，无论是建筑构件还是材质提取，明细表对于后期工程开展都有很重要的意义。

尝试创建本模型所有门窗明细表。

任务1.8 创建出图样板

尺寸标注和文字注释

任务目标

通过本任务的学习，学生应达到以下目标。

掌握注释、布图与打印的方法。

任务内容

要求完成本项目的出图任务。

实施条件

已完成的建筑模型。

步骤一：注释

尺寸标注包括对齐标注、线性标注、角度标注、半径标注、弧长标注，还包括高程点、高程点坐标及高程点坡度（图1.197）。

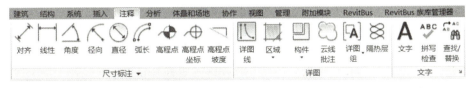

图 1.197 "注释"选项卡

（1）对齐标注。选择"注释"选项卡中的"对齐"命令，选择"××楼标注尺寸"类型，进行轴网对齐标注，单击需要标注的轴线，从左向右依次单击即可，选择下拉选项卡中的"参照墙面"选项，再单击需要注释的墙，即完成对齐标注（图1.198）。

（2）线性标注。操作类似于对齐操作，注意选择对象时配合 Tab 键同时选按。

（3）角度标注。选中"角度"命令后，以逆时针方向单击需标注角度的两条边线即可。

（4）半径标注。选中"径向"命令后，单击圆周边线即可。

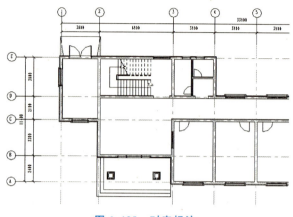

图 1.198　对齐标注

（5）弧长标注。选中"弧长"命令后，先单击中间弧线，再单击两边直线。

步骤二：图纸布置

（1）图纸创建。单击"视图"选项面板→"图纸组合"面板→"图纸"命令，创建图纸视图栏（图1.199），在弹出的"新建图纸"对话框中单击"载入"按钮，载入相应的标题栏族（图1.200）。单击"视图"选项面板→"图纸组合"面板→"视图"命令，在弹出的"视图"对话框中单击"在图纸中添加视图"按钮，选择标题栏的视图布置在图纸视图中（图1.201）。

图 1.199　"图纸"命令

图 1.200　"新建图纸"对话框

图 1.201　视图-楼层平面

(2) 信息设置。选择"管理"选项卡中的"项目信息"命令,在弹出的"项目信息实例参数"对话框中输入相应信息,即完成图纸的创建(图 1.202)。

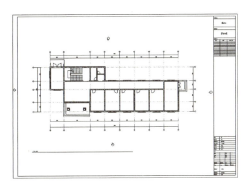

图 1.202　完成图纸创建

步骤三:打印

(1) 打印范围。单击"应用程序"按钮→"打印"选项,在弹出的"打印"对话框中选择"打印范围",选中需要出图的图纸,单击"确定"按钮。

(2) 打印设置。在"应用程序"中选择"打印"选项,在"打印"对话框中选择"设置"选项,按需求可调整,纸张尺寸、打印方向、页面定位方式、打印缩放,还可以在选项栏中进一步选择是否隐藏图纸边界。

巩固与提升

(1) 对照图 1.203 所示,梳理自己所掌握的知识体系,并与同学相互交流、研讨个人对某些知识点或技能技巧的理解。

(2) 将本项目平面图出图打印成 A3 图纸。

图 1.203　内容梳理

任务 1.9　建筑 BIM 模型后处理

任务目标

通过本任务的学习,学生应达到以下目标。

(1) 掌握 Revit 中渲染出图的设置方法。

(2) 掌握 Lumion 的动画漫游制作过程。

任务内容

模型完成后要进行进一步处理，包括平面出图处理、漫游动态效果处理。Revit中可以渲染出图，也可以在其他软件（如Lumion、Fuzor等软件）中进行出图和漫游。

本任务要掌握渲染、漫游操作。

实施条件

（1）完整的建模模型。
（2）单间的布局。

任务1.9.1　模型渲染

1. 创建相机

使用相机工具可以为项目创建任意视图，在进行渲染之前可根据表现需要添加相机，以得到各个不同的视点。

步骤一：创建相机

切换至F1楼层平面图，单击"视图"选项卡中的"三维视图"下拉列表，在列表中选择"相机"命令（图1.204）。选中选项栏中的"透视图"复选框，设置"偏移量"值，即相机高度（图1.205）。

建筑渲染

图1.204　"相机"命令

图1.205　相机选项栏设置

步骤二：放置相机视点

移动光标至绘图区域中，在合适位置单击以放置相机视点（图1.206），向右上方移动鼠标指针至"目标点"位置，单击即生成三维透视图。

被相机三角形包围的区域就是可视的范围，其中三角形的底边表示远端的视距。如果在"图元属性"对话框中不选中"远剪裁激活"复选框，则视距变为无穷远，将不再与三角形底边距离相关。

项目1 建筑BIM模型的创建

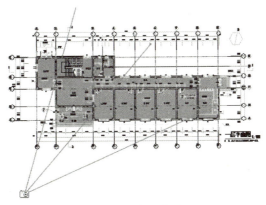

图 1.206　相机视点

在该对话框中，还可以设置相机的视点高度（相机高度）、目标高度（视线中点高度）等参数（图 1.207）。同时可以在透视图中显示视图范围裁剪框，按住并拖动视图范围框的 4 个圆点，即可以修改视图范围（图 1.208）。

图 1.207　相机参数　　　　　　　　　　图 1.208　视图范围

步骤三：锁定视图

用相机确定好三维视图后，为了防止不小心移动相机而破坏了确定的视图方向，可以将三维视图保存并锁定。

单击底部视图控制栏中的按钮，在弹出的菜单中单击"保存方向并锁定视图"命令（图 1.209），三维视图被锁定后，将不能改变视图方向。如果要改变被锁定的三维视图方向，可以再次单击底部视图控制栏中的按钮，在弹出的菜单栏中单击"解锁视图"命令即可。解锁后就可以任意修改视图方向，修改满意后可以再次保存视图；但如果修改不满意则需要回到之前保存的视图，还可以单击底部视图控制栏中的按钮，在弹出的菜单栏中单击"恢复方向并锁定视图"命令，进行还原。

图 1.209　"保存方向并锁定视图"命令

085

2. 渲染设置及图像输出

创建好相机后，可以启动渲染器对三维视图进行渲染。为了得到更好的渲染效果，需要根据不同的情况调整渲染设置，如调整分辨率、照明等，同时为了得到更好的渲染速度，也需要进行一些优化设置。

Revit 的渲染消耗时间取决于图像分辨率和计算机 CPU 的数量、速度等因素。一般来说分辨率越低、CPU 的数量（如四核 CPU）越多、频率越高，渲染的速度越快。根据项目或者设计阶段的需要，选择不同的设置参数，在时间和质量上达到一个平衡。

特别提示

> 如果相机在平面或立面等二维视图中消失后，可以在项目浏览器中相机所对应的三维视图上右击，从弹出的菜单栏中选择"显示相机"命令，即可在视图中重新显示相机。

以下方法可以提高渲染性能，缩短渲染时间。

（1）隐藏不必要的模型图元。

（2）将视图的详细程度修改为粗略或中等。通过在三维视图中减少细节的数量，可减少渲染对象的数量，从而缩短渲染时间。

（3）仅渲染三维视图中需要在图像中显示的那一部分，忽略不需要的区域。比如可以通过使用剖面框、裁剪区域、摄影机裁剪平面或渲染区域来实现。

（4）在渲染对话框中优化灯光数量，灯光越多，需要的时间也越多（图 1.210）。

渲染后保存该文件，即达到渲染效果，输出该渲染后的模型文件（图 1.211）。

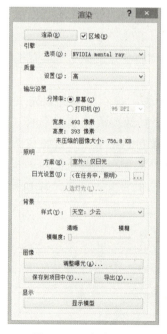

图 1.210　渲染属性

图 1.211　渲染效果

任务 1.9.2　使用 Lumion 进行动画漫游制作

Lumion 是一个简单快速的渲染软件，旨在实时观察场景效果和快速出效果图。其优点是速度快、界面友好、自带中文、水景逼真、树木真实饱满、后期容易出效果；缺点是可调参数没有 VRAY 等经典渲染器多，同时对机器配置要求很高。总的来说，Lumion 是一个比较优秀的渲染软件，在比较紧急和匆忙的状态下可以达到一个相对较好的水平。

Lumion 本身没有更改和建立模型的功能，一切都需要在建模软件中准备好之后，再开始导入渲染，才能减少后期渲染后地来回改动。

步骤一：导入 Lumion 文件

导入文件前需要对文件进行预处理，包括清理模型、分开材质等。如果文件过大，可以把模型分成景观和建筑两部分，只要保证它们和原点之间的绝对坐标是一致的，导入后就可以对齐。

Revit 模型导入 Lumion 可以用 Revit to Lumionbridge 插件。安装此插件后在 Revit 软件附加选项卡中会出现该软件的名称，单击该软件选项导出".dae"格式文件，即可导入 Lumion 中应用。

步骤二：选择场景

打开 Lumion 后，第一个界面会提供数个空白场景，有平原、山脉、河流、岛屿等，可以根据需要选择地形（图 1.212）。同时，也可以在 Lumion 中徒手粗略绘制。

漫游动画

导出Lumion文件

选择场景

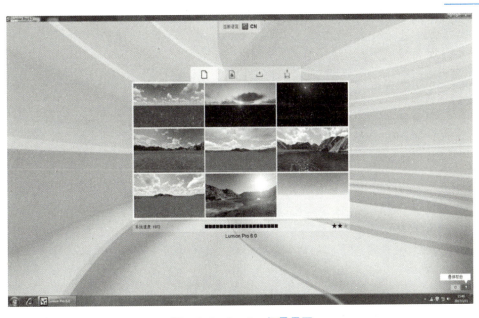

图 1.212　Lumion 场景界面

步骤三：基本操作

等待后进入 Lumion 的操作界面，下侧是系统指令，左侧是主要工具栏，共有四栏，分别控制四个主要部分：太阳与天空、地形与水域、模型本身及其材质，以及添加配景（图 1.213）。

基本操作

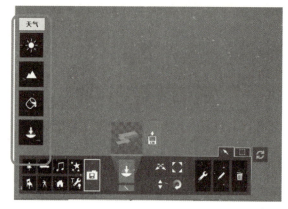

图 1.213　Lumion 操作界面

按住鼠标右键即可四处观察，松开则进行编辑，通过键盘上 W、S、A、D 键（或者方向键）进行前、后、左、右移动，Q、E 键进行上、下移动，与目前多数射击游戏操作相同。

步骤四：放置模型

首先单击系统命令栏"导入"按钮导入建筑物模型，导入后模型就会写进 Lumion 模型库（图 1.214）。之后只需要单击图中虚显的模型预览，就可以快速更换导入模型。

放置模型

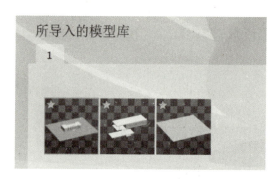

图 1.214　Lumion 模型库

 特别提示

> 导入后的文件会被记录，最好不要随便更改位置和名字，否则无法进行实时更新操作，影响修改细节。

导入后会产生一个箭头及线框，指示当前模型位置，直接找到想要放置的位置放下即可（图 1.215）。使用工具栏中的按钮，找到模型的控制点（就是原点），拖动模型，可以改变位置、朝向、高度和比例。

项目1 建筑BIM模型的创建

图 1.215 放置 Lumion 模型

步骤五：天气设置

将模型放置好后先不要急着更改模型的材质，一般先进行天气设置。单击"天气"命令（图 1.216），拖动各种参数至想要的光影角度（光影会影响材质的感觉包括颜色和反光），同时可以粗略调节云的种类、数量和形态。

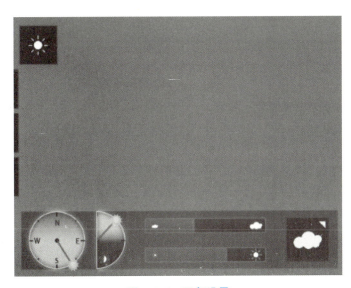

天气设置

图 1.216 天气设置

步骤六：地形设置

单击"地形"命令可以粗略地调整当前模型附近的自然地形，包括造山、挖洞、填海等，以及指定地面材料（图 1.217）。

在进行海水设置时单击"开关"按钮，可以切换海水是否出现，当按钮打开时海水会自动填满当前高度所有位置，还可以通过拖动进度条来更改高度等参数（图 1.218）。

089

地形设置

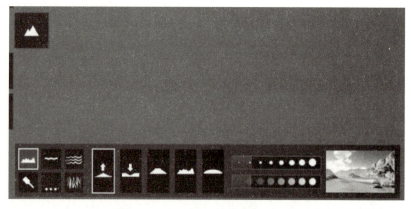

图 1.217　地形设置

图 1.218　海水设置

如果很难更改,可以双击相应属性框输入详细数值(先删掉原有数值)或者按住 Shift 键后再拖动(千分位微调),这个操作方法对于本软件所有进度条都有效。

材质设置

步骤七:材质设置

单击"材质"命令,选择油漆桶工具,弹出"材质库"对话框(图 1.219)即可以添加材质。简单情况下只需要单击相应的面,就可以更改当前面的材质了(在模型中绿色代表未添加材质,黄色代表已添加材质且可更改)。

要想对材质进行详细编辑,需关闭材质库,就会出现材质微调编辑器(图 1.220)。微调编辑器默认只有基本属性,单击球体可以更换现有材质,右上方小图是模型贴图,右下方小图是法线贴图。

特别提示

法线贴图是一种通过两张特定图片叠在一起快速产生欺骗性凹凸效果的 3D 引擎技术。

(1)着色:会影响材质的色调。
(2)光泽:控制材质的反光(油腻)。

(3) 反射率：控制材质是否反射四周（一般情况仅反射天和山）。

(4) 视察：用于凸显模型质感，需要法线贴图才有作用。

(5) 缩放：用于缩放纹理大小。

图 1.219 "材质库"对话框

图 1.220 材质微调编辑器

单击"设置"按钮后可以添加更高级的材质编辑器，包括微调贴图位置、微调贴图方向和贴图发光（用于制造光条光带），高级的设置会使材质使用更多系统资源。

步骤八：添加配景

单击系统指令面板左侧小图标来更改配景种类，之后单击工具栏上的当前配景的图片来更改配景。配景包括植物、交通、声音、特效（水、火、烟）、室内、人物、室外，以及灯光。配景和模型一样可以改变方向和大小比例，单击铅笔状按钮后还可以改变部分物品的颜色（图 1.221）。例如，添加的植物配景里面有多种植物，软件根据叶片大小及植物性质进行了分类，一般使用中叶树种即可（图 1.222）。

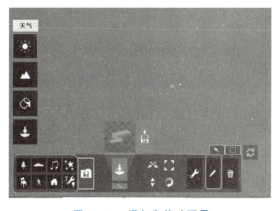

图 1.221 添加和修改配景

添加配景

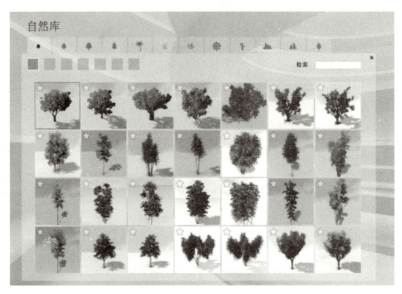

图1.222　植物

步骤九：相机模式设置

添加完配景之后就可以进入相机模式了。单击"相机"按钮进入照相模式，软件一共只能输出邮件、桌面、打印、海报四种固定尺寸的图（图1.223）。

相机模式设置

图1.223　相机模式

出图前，单击右下角工具条的齿轮，设置显示出完整的山川和树木。同时在编辑的时候可以随时使用键盘上的F1、F2、F3、F4键调节画质，越高级的画质，细节和光影效果就越好，但是物体之间的反射是不会显示出来的。

单击左上角的"特效"按钮添加特效（图1.224），Lumion提供了多种特效，可以真实模拟阳光、阴影等效果。常用的特效有太阳、云、景深、雨雪、反射和镜头光晕；另外，两点透视也属于特效的一种（图1.225）。

项目1　建筑BIM模型的创建

图1.224　特效

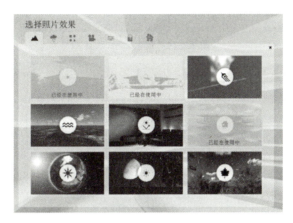

图1.225　选择照片效果

以添加反射特效为例讲解特效添加的方法。单击铅笔图标，进入选择模式，单击加号后选择需要产生反射的面（一般是玻璃），完成后处于同一层的所有玻璃都会被添加反射效果。大部分材质都可以添加反射效果，但前提是编辑材质时需要达到能反射的程度。

特别提示

（1）反射面最多添加10个，单击"删除"按钮即可删除。

（2）如果想观察反射效果，可以打开反射预览，但是系统速度会急剧下降，所以不用的时候要关闭，渲染时会自动打开。

一切特效设置完成后就可以单击任一出图尺寸按键，以获得想要的图像。

步骤十：动画模式设置

单击"动画制作"按钮进入动画制作界面（图1.226）。

Lumion中动画制作很容易操作，类似于视点动画，只需要将路径上的视点拍摄下来即可。单击中间的"照相机"按键，系统会自动保存视点，连续走动拍摄将会形成动画过程。制作好后单击"保存场景及模型"以保存动画即可（图1.227）；也可以多个动画连续保存，形成一个完整的动画视频。

动画模式设置

093

图 1.226　动画制作界面

图 1.227　保存动画

巩固与提升

（1）本节详细介绍了用 Lumion 软件进行后期动画和场景制作，有兴趣的同学可以尝试使用 Fuzor 软件进行后期处理。

（2）为本项目做一个你认为满意的场景。

匠心营造，
忠诚守护

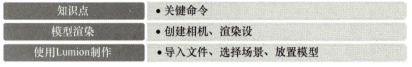

图 1.228　知识体系

拓展讨论

党的二十大报告多次提出，坚定文化自信，传承中华优秀传统文化。你能从二维码有关样式雷建筑烫样视频中总结出创建 BIM 样板的意义是什么吗？

项目 2　结构 BIM 模型的创建

学习目标

知识目标	技能目标	素质目标
1. 熟练掌握创建结构样板的方法 2. 熟练掌握创建结构构件的方法 3. 熟练掌握绘制钢筋和创建结构明细表的方法	1. 能够熟练运用 Revit 软件进行结构样板创建以及结构模型的创建 2. 能够熟练运用 Revit 软件进行结构明细表的创建 3. 能够熟练运用 Revit 软件进行结构钢筋的绘制	1. 培养自主学习的能力 2. 培养精益求精的工匠精神 3. 能够关注行业发展和技术创新，培养科学探索的精神 4. 培养弘扬劳动精神、奋斗精神、奉献精神、创造精神，培育时代新风新貌

知识导入

结构之于建筑犹如骨骼之于人体，它构建了建筑物的生命防线，使建筑既安全经济，又美观耐久。创建正确的结构 BIM 模型在建筑的 BIM 运用中至关重要。在由于受力的不同，构件的数量和位置各不相同，钢筋配置也不用，最终形成的工程量明细表也不用，这就提醒我们在学习、工作中要认真谨慎、戒骄戒躁、反复核实、多次求证，我们的每一次努力都是向完美的建筑更进一步。

创建结构样板

任务 2.1　创建结构样板

结构建模的
基本流程

任务目标

通过本任务的学习，学生应达到以下目标。
（1）区别结构轴网、标高和建筑轴网、标高。
（2）掌握创建结构轴网、标高的步骤。

任务内容

依据 2# 主题教育馆结构图纸（图 2.1），创建主题教育馆 1～4 层的结构标高，绘制Ⓐ～Ⓒ轴的轴网布局。

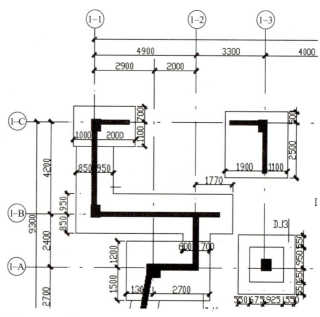

图 2.1　2# 主题教育馆结构图纸

实施条件

（1）2# 主题教育馆结构相关图纸。
（2）Revit 软件。

任务 2.1.1　绘制标高

结构标高的定义

标高表示建筑物各部分的高度,是建筑物某一部位相对于基准面(标高的零点)的竖向高度,是竖向定位的依据。

结构标高表示结构完成之后装饰装修前的标高。建筑标高表示装饰装修完成后的标高。结构标高不同于建筑标高,简单来说,结构标高=建筑标高-装饰层厚度(面层)(图 2.2)。

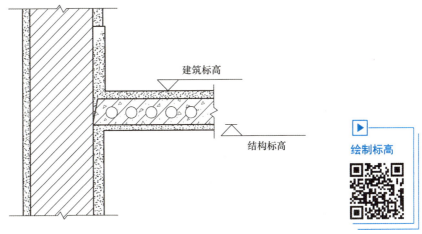

图 2.2　建筑标高与结构标高

在结构建模过程中结构标高是一套单独的标高系统,不同于建筑标高系统。但因为结构标高与建筑标高数值相差并不大,有时会借用建筑标高的数值,即一个工程项目模型共用一套建筑标高系统,以方便样板文件的建立及后期全专业模型的链接使用。

在项目中,以 2♯ 主题教育馆工程项目为例,采用一套单独的结构标高系统。

"标高"命令只能在立面和剖面视图中使用,在其他视图下都是"灰显"状态不可用。首先将案例中相应楼层的标高数值定义出来:1F(-0.1m)、2F(4.4m)、3F(8.9m)、4F(13.4m)。在项目 1 建筑 BIM 模型的创建中,已经详细说明了软件中标高建立的操作步骤,在这里只做简要介绍,具体步骤查看任务 1.1.3。

步骤一:进入视图

在"主题教育馆结构模型"项目浏览器下选择"立面(建筑立面)"前面的"+"按钮,双击任意方向。以"东"为例,打开东立面视图。默认状态下样板文件在绘图区域创建了 2 个标高:标高 1 和标高 2(图 2.3)。

步骤二:新建标高

单击"结构"选项卡→"基准"面板→"标高"命令,默认运用"直线"命令建立标高。在"修改 | 放置 标高"选项栏下单击"平面视图类型"命令,选择要创建的视图类型,有"天花板平面""楼层平面""结构平面"三种选项,在本案例中只选择"结构平面"选项(图 2.4)。

图 2.3 进入视图

在绘图区域单击以确定起点,再次单击以确定终点,两端与原有标高对齐,对齐时会高亮显示出一条蓝色虚线,即标头两端对齐线。在绘图区域原有标高 1、标高 2 的上方,以任意高度绘制标高 3、标高 4,在标头的复选框处选中或者取消选中可以显示或者隐藏标头,绘制完成后如图 2.5 所示。

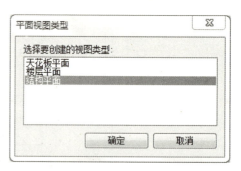

图 2.4 "平面视图类型"对话框

步骤三:修改标高

双击标高数值可以修改标高,Revit 软件中默认标高的单位为米(m)。双击标高数值,将标高 1(±0.000)、标高 2(3.000)、标高 3(4.900)、标高 4(6.900)的数值修改为标高 1(−0.100)、标高 2(4.400)、标高 3(8.900)、标高 4(13.400)。但是发现标高 1 并没有变为(−0.100),而是变为(±−0.100)(图 2.6)。这不是标高数值的表达方式,因此需要对标高 1(±−0.100)进一步修改。

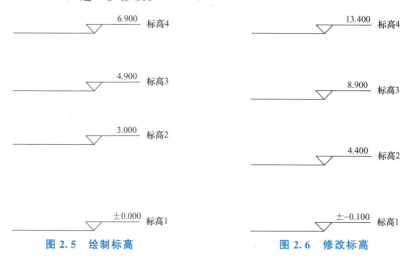

图 2.5 绘制标高　　　　　　　　图 2.6 修改标高

单击标高 1 的数值(±−0.100),在左边标高属性面板中单击"编辑类型"按钮,在"类型属性"对话框中进行编辑,选择类型参数中的"符号"参数,在下拉列表中选择"上标高标头",然后单击"确定"按钮,则标高 1 的数值修改完成(图 2.7)。

步骤四:标高命名

双击原标高名称进行设置,标高名称修改后,系统会弹出对话框"是否希望重命名相应视图",单击"是"按钮,会在项目浏览器下"结构平面"视图中显示标高命名后的新视图。双击标高1、标高2、标高3、标高4,将其重命名为1F、2F、3F、4F(图2.8),在"2♯主题教育馆结构模型"项目浏览器下结构平面也相应生成1F、2F、3F、4F视图。

还可以通过"标高"的实例属性、类型属性对标高进行相应设置,如果项目楼层的标高太多,可通过"复制"命令进行标高复制等,同学们可以自行尝试,这里不做赘述。

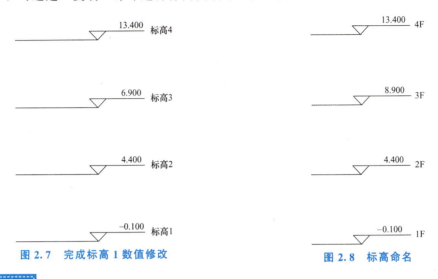

图 2.7 完成标高 1 数值修改　　　　　　　图 2.8 标高命名

> **做一做**

从2♯主题教育馆结构图纸中定义基础DJ1顶面结构标高,并在软件中绘制出来。

任务 2.1.2　绘制轴网

1. 轴网创建的方法

在 Revit 中任一平面绘制轴网,其他平面都可以看见。创建轴网一般有两种方法:新建轴网和拾取轴网。

方法一:新建轴网

进入相应平面视图,单击"结构"选项卡→"基准"面板→"轴网"命令,在弹出的"修改|放置 轴网"选项卡中单击"绘制"面板→"直线"命令,依照图纸绘制轴网。

方法二:拾取轴网

在 Revit 中导入 CAD 图纸,根据 CAD 图纸中的轴网直接拾取生成。导入之前需将 CAD 图纸进行整理,清理不必要的线条、图形,将图例、注释等设置成"块"另存备用。

在本任务中我们将采取拾取轴网的方式创建轴网。

2. 轴网创建步骤

步骤一:导入 CAD 图纸

进入结构平面,单击"插入"选项卡→"导入"面板→"导入 CAD"命令,在弹出的对话框中选择"基础"(CAD 图纸),按图 2.9 内容设置完成后,单击"打开"按钮,将 CAD 图纸导入 Revit 中。一般情况下导入单位为毫米，在这里设置分米的原因和原 CAD 图纸尺寸有关。导入后锁定 CAD 图纸，避免 CAD 图纸发生二次移动（图 2.10）。

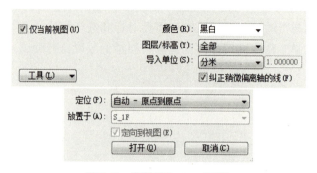

图 2.9 设置导入 CAD 图纸

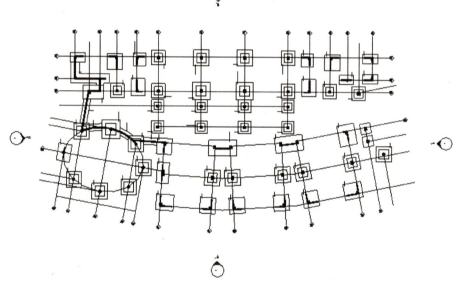

图 2.10 导入 CAD 图

 **特别提示**

> 一定要将导入的 CAD 图纸置于四个方向的视图范围内，否则看不到相应的立面视图。

步骤二：拾取轴网

单击"结构"选项卡→"基准"面板→"轴网"命令，在弹出的"修改|放置 轴网"选项卡中单击"绘制"面板→"拾取线"命令进行轴网绘制。光标捕捉 CAD 底图中的轴线，依次拾取相应轴线Ⓐ～Ⓒ、①～⑬（图 2.11）。

步骤三：修改轴网

依次双击轴号，按 CAD 图纸内容修改相应轴号名称，将轴号重命名为Ⓐ～Ⓒ、①～⑬。选中或者取消选中轴网标头的复选框可以显示或者隐藏标头。选中任意一根轴线，所有对

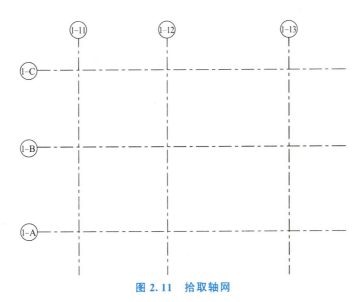

图 2.11 拾取轴网

齐轴线的端点位置会出现一条对齐虚线，用鼠标拖动轴线端点，所有轴线同步移动以调整轴网标头位置。

步骤四：锁定轴网

单击"视图"选项卡→"图形"面板→"可见性/图形"命令，在弹出的对话框中选择"导入的类别"，取消选中"基础"复选框即可隐藏 CAD 图纸。隐藏完 CAD 图纸后，从右至左框选画好的轴线，利用"锁定"命令锁定轴网（图 2.12）。

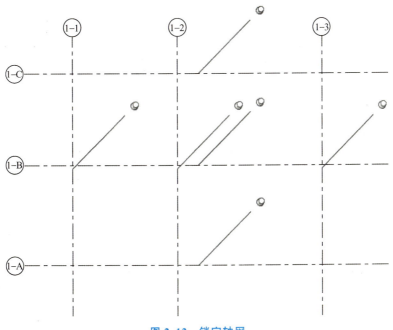

图 2.12 锁定轴网

101

建筑工程BIM技术应用教程

特别提示

此时查看结构楼层1F、2F、3F、4F轴网的时候会发现各楼层轴网的轴号位置有所出入,并不一致。进入结构平面视图中,在绘图区域从右下角开始框选所有轴网,然后单击"修改|放置 轴网"选项卡→"基准"面板→"影响范围"命令,在弹出的"影响基准范围"对话框中选中"结构平面:1F、2F、3F、4F"视图,则选中视图下的轴网尺寸、轴网名称和结构平面视图下的完全一致。

巩固与提升

(1) 对照图2.13,梳理自己所掌握的知识体系,并与同学相互交流、研讨个人对某些知识点或技能技巧的理解。

图2.13 知识体系

(2) 根据任务2.1的操作步骤及方法,利用所学知识,结合主题教育馆结构图纸,自主创建主题教育馆的全部标高、轴网,同时要求各个楼层轴网完全一致。

任务2.2 创建结构构件

任务目标

通过本任务的学习,学生应达到以下目标。
(1) 掌握基础的绘制方法。
(2) 掌握柱、梁、墙、楼板等的绘制方法。
(3) 掌握复制结构构件的方法。
(4) 掌握绘制结构屋顶的方法。

任务内容

参照2#主题教育馆结构图纸,绘制主题教育馆的单体结构模型构件:教材提供基础、柱、墙、梁、楼板等结构构件的图纸,复制不同层之间的结构构件,绘制出结构屋顶。

项目2 结构BIM模型的创建

> **实施条件**

(1) 2#主题教育馆结构相关图纸。
(2) Revit软件及相关项目模型。

任务 2.2.1　绘制结构基础

项目的标高、轴网建立完成后，即项目空间定位完成后，进行结构单体基本模型的建立。结构单体基本模型内容主要分为基础、主体、屋顶这三个部分。

首先我们从基础部分开始绘制，以DJ6为例。我们选用已经建好的标高和轴网，同时导入基础CAD图纸及已经完成的主题教育馆结构模型。

结构基础属性定义及创建

步骤一：创建基础

(1) 独立基础。

在"基础顶"视图下单击"结构"选项卡→"基础"面板→"独立"命令，默认的独立基础族（1800 mm×1200 mm×450 mm）与DJ6样式相匹配，但尺寸不一致。单击左边属性面板下"材质和装饰"栏的"结构材质"选项，在弹出的"材质浏览器"对话框中选择"混凝土，现场浇筑-C30"，右击复制后重命名为"C30"（图2.14），单击"确定"按钮创建独立基础材质。

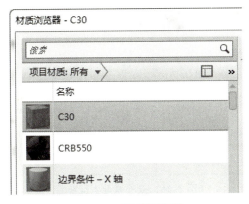

图 2.14　材质浏览器

单击独立基础属性面板中的"编辑类型"，进入"类型属性"对话框，进行独立基础的尺寸设置。在进行尺寸设置前，要先单击"复制"命令，再将复制得到的构件重命名为"DJ6"，再按照DJ6的尺寸进行设置，长度设置为3000 mm，宽度设置为1800 mm，厚度设置为650 mm，单击"确定"按钮完成独立基础的创建。

(2) 条形基础。

条形基础是以墙为主体，如果没有墙图元则无法绘制条形基础。可在平面视图或三维视图中沿着结构墙放置条形基础，条形基础被约束到所支撑的墙，并随之移动。在这里，我们需先提前绘制好TJ1上面的墙体，具体墙的绘制在后面会进行详细的介绍。

单击"结构"选项卡→"基础"面板→"条形基础"命令，系统默认选择"条形基础

103

挡土墙基础－300×600×300"族，和 TJ1 类型不符，从左边"属性"类型选择器下拉列表中选择"条形基础 承重基础－900×300"类型（图 2.15）。

图 2.15 属性

单击"编辑类型"进入"类型属性"对话框，对条形基础复制并重命名为"TJ1"，修改材质、尺寸等类型参数，修改后如图 2.16 所示，单击"确定"按钮。

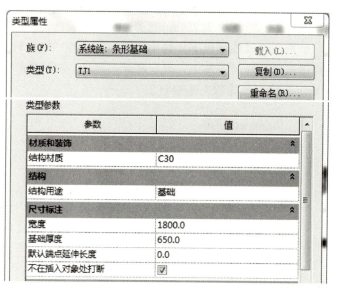

图 2.16 条形基础类型参数

（3）板基础。

在"结构"选项卡的"基础"面板中有独立基础、条形基础、板基础三种基础类型（图 2.17）。由于主题教育馆案例中不存在板基础，因此这里不做展开介绍，同学们可以查看帮助文件自主学习。

图 2.17 "基础"面板

除了独立基础、条形基础、板基础外,通过载入族文件可以选择多种形式的桩及其他基础,还可以通过新建族进行各种基础的创建。

步骤二:放置基础

(1) 独立基础。

在绘图区域按照 CAD 底图放置 DJ6,若放置的 DJ6 和底图 DJ6 有偏差,可采用"修改"选项卡下的"对齐"命令,将独立基础 DJ6 的构件和底图完全对齐。单击"视图样式"切换为"着色"模式,进行检查区分(图 2.18)。

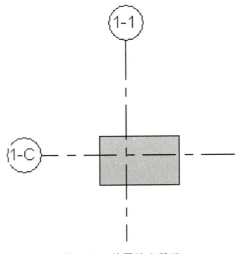

图 2.18 放置独立基础

(2) 条形基础。

条形基础 TJ1 创建完成后,在绘图区域对照 CAD 底图单击相应墙体,依次生成条形基础 TJ1 各段(图 2.19)。

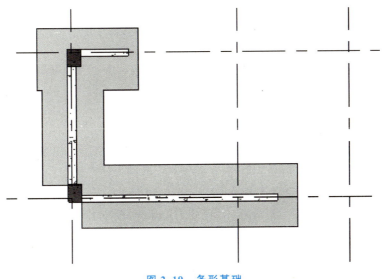

图 2.19 条形基础

生成的条形基础 TJ1 只是在拾取的墙体下方生成了条形基础,如果没有和 CAD 底图

TJ1 对齐，应依次选中上下各段条形基础，在属性面板中设置"偏心"属性数值，分别设置为"25""50"，则绘制的条形基础就可以完全对齐图纸。切忌使用"对齐"命令进行调整。

同时选择条形基础以显示其端点控制柄的小圆圈图标，再根据图纸位置拖动其中一个端点到相应位置，设置完成的条形基础（图 2.20）可以通过三维视图进行进一步的检查。

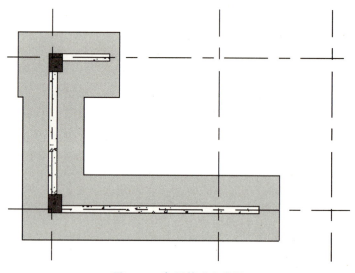

图 2.20　条形基础完成图

做一做

绘制基础结构图纸中余下的独立基础及条形基础，将主题教育馆的基础布置完毕。

任务 2.2.2　绘制结构柱

结构柱属性定义及创建

基础建立好后，进行结构的主体建模工作。钢筋混凝土结构主体部分主要分为柱、梁、墙、楼板 4 部分。可先从结构柱开始，打开"主题教育馆结构模型 3.2.2"，并在此基础上进行绘制。

步骤一：创建结构柱

进入"2F"结构视图，单击"结构"选项卡→"结构"面板→"柱"命令，进行结构柱的创建。"修改|放置 结构柱"选项栏中默认"深度""基础顶"设置不做更改，即符合建模要求。

在属性面板中单击"类型选择器"下拉列表，选择需要的结构柱类型"混凝土-矩形-柱（300×450 mm）"（图 2.21），在对话框实例属性中"材质和装饰"栏下的"结构材质"中设置柱的材质，在"材质浏览器"中搜索"混凝土，现场浇筑-C30"，将其复制并重命名为"C30（柱）"，为方便区分，在"图形"选项下"着色"中的"颜色"更改为蓝色（图 2.22），单击"确定"按钮。

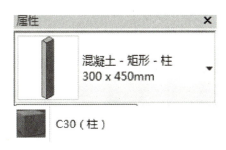

图 2.21 选择结构柱类型

图 2.22 修改颜色

在属性面板中,单击"编辑类型"按钮,进入"类型属性"对话框。单击"复制"按钮重命名创建新的结构柱为"KZ1-500×500",命名构件名称应该规范明确。在对话框中修改柱子的尺寸为"b=500""h=500",单击"确定"按钮完成结构柱的创建。

步骤二:放置结构柱

创建完 KZ1 后,在绘图区域按照 CAD 底图位置一一放置。将 CAD 底图置于"当前"模式,将视图图形切换为"细线"模式,将视图样式切换为"着色"状态,以方便结构柱的放置。若放置的 KZ1 和底图位置有偏差,可以利用"对齐"命令进行对齐。

步骤三:修改结构柱

放置 KZ1 完成后,需要修改结构柱的标高。单击模型中的 KZ1,在左边属性面板中将底部标高改为"基础顶"(图 2.23),其他实例参数不做修改,单击"应用"按钮完成结构柱标高的修改。

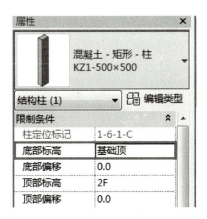

图 2.23 修改结构柱标高

利用快速访问工具栏下的"三维视图"进行查看,并将视图样式切换为"着色"状态,绘制完成的结构柱三维视图如图 2.24 所示。

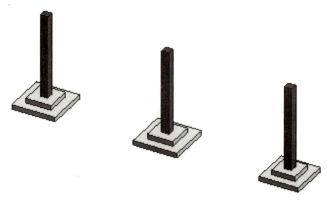

图 2.24 结构柱三维视图

步骤四：绘制圆形柱

对于图纸上类似 KZ10（D=750）这种圆形结构柱,绘制步骤和上面所说绘制方形结构柱一样,需要注意在"类型属性"对话框中单击"载入",在"结构\柱\混凝土"文件夹中选中"混凝土-圆形-柱"族,复制并重命名为"KZ10",修改尺寸后单击"确定"按钮。

对于斜柱设置、在轴网处放置结构柱、在柱处放置结构柱等命令,在这里不做介绍,同学们可自行尝试学习。

想一想

(1) 绘制结构柱时,将"深度"改为"高度"后应如何绘制？
(2) 斜柱绘制时应该注意哪些事项？

做一做

绘制主题教育馆 1F 所有类型的结构柱,将主题教育馆 1F 结构柱设置完毕。

任务 2.2.3　绘制结构梁

结构柱绘制完成后,进入结构梁的绘制。打开"主题教育馆结构模型 3.2.3",在此基础上进行绘制。打开基础模型后,进入"1F"基础结构视图,此视图模型构件信息太多,基础还在该视图下可见,因此需要调整视图范围,精简绘图区域的构件信息。单击"结构平面"属性面板→"范围"下拉列表→"视图范围"对话框进行设置,设置内容如图 2.25 所示,单击"确定"按钮后,基础在"1F"结构视图下绘图区域不可见,以方便接下来的结构梁绘制。

结构梁属性
定义及创建

步骤一：创建结构梁

单击"结构"选项卡→"结构"面板→"梁"命令,系统默认为 H 型钢梁。在左边属性面板中,从类型选择器下拉列表中选择"混凝土-矩形梁

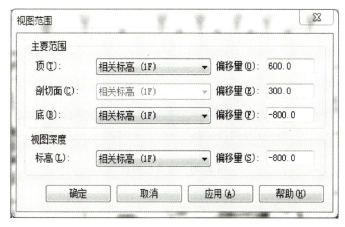

图 2.25 视图范围

300 mm×600 mm"族，通过在属性面板中修改相应实例属性，确定梁的"结构材质"为"C30（梁）"混凝土，并将梁颜色设置为"RGB 0 255 255"，如图 2.26 所示。

图 2.26 修改材质及颜色

在属性面板中将实例属性参数设置完成后，单击"编辑类型"按钮进入"类型属性"对话框，复制并重命名新建梁为"KL3‑250×600"，修改相应的尺寸参数为"b=250""h=600"，单击"确定"按钮。

在选项栏下"修改|放置 梁"中"放置平面"进行选择，确定梁顶标高。在这里系统默认为"标高：1F"，符合绘制条件，无须更改。对于"结构用途"，系统将根据支撑梁的结构图元，自动确定梁的"结构用途"属性，无须更改。结构用途参数可以在结构框架明细表中，统计大梁、托梁、檩条和水平支撑的数量，且暂不选中"三维捕捉""链"选项（图 2.27）。

图 2.27 "修改|放置 梁"选项卡

梁可以在"修改|放置 梁"选项卡→"绘制"面板下使用相应命令在绘图区域内进行绘制，默认情况下采用"直线"命令。

步骤二：放置结构梁

在结构平面"1F"视图下，单击Ⓐ轴与⑬轴交点处（系统会自动捕捉交点），沿Ⓐ轴绘制到与⑱轴交点处再次单击，则 KL3 放置完毕（图 2.28）。若结构梁没有和 CAD 底图对齐，则利用"对齐"命令进行调整，视图样式为"着色"状态。

KL3 绘制完成后，依照上述创建结构梁、放置结构梁的步骤绘制完成 KL2、KL5、KL17 等结构梁，绘制完成的结构梁三维视图如图 2.29 所示。

对于三维捕捉、链等命令以及其他结构梁实例属性、类型属性等参数，这里不做介

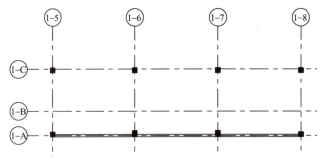

图 2.28　放置结构梁

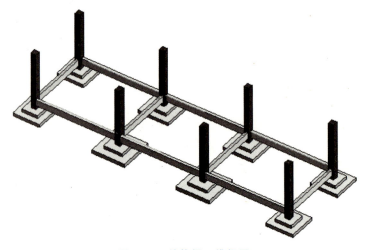

图 2.29　结构梁三维视图

绍，同学们可以自行尝试、逐步熟悉。梁系统可以创建包含一系列平行放置的梁的结构框架图元，一般通过绘制边框来创建结构梁系统。通过"梁系统"命令进行结构梁的绘制这里也不做介绍，同学们可以自行练习。

想一想

如何绘制结构斜梁？

做一做

绘制主题教育馆—1F 的结构梁，将主题教育馆—1F 结构梁设置完毕。

任务 2.2.4　绘制结构墙

在"墙"命令下有"墙：结构"和"墙：建筑"两个选项。结构墙和建筑墙最显著的区别为其用途是否承重，结构墙为承重墙，建筑墙为非承重墙。打开"主题教育馆结构模型 3.2.4"，—1F 结构墙 CAD 图纸已经导入模型中，进入"2F"结构视图下开始绘制结构墙 GJ2。

步骤一：创建结构墙

单击"结构"选项卡→"结构"面板→"墙"下拉列表→"墙：结构"命令（图2.30），默认使用"直线"命令进行绘制。

结构墙属性定义及创建

图2.30 "墙：结构"命令

GJ2 结构墙因为墙厚不同，需要分成3段设置，一段墙体厚400 mm，另外两段墙体厚200 mm，可以先绘制400 mm墙厚部分，再绘制200 mm墙厚部分。

在属性面板类型选择器下拉列表中选择"基本墙常规－200 mm"。单击"编辑类型"进入"类型属性"对话框，复制并重命名为"GJ2(400)"，单击"结构"栏中的"编辑"命令，在"编辑部件"对话框中对构件的功能、材质和厚度进行设定（图2.31），设置材质为"C30（墙）"混凝土、厚度为"400.0"，单击"确定"按钮。

	功能	材质	厚度	包络	结构材质
1	核心边界	包络上层	0.0		
2	结构 [1]	C30（墙）	400.0		✓
3	核心边界	包络下层	0.0		

图2.31 修改墙类型

在"修改|放置 结构墙"选项栏中选择"深度""基础顶""定位线：墙中心线"，无须选中"链"和"半径"复选框，偏移量设置为"0.0"（图2.32）。

图2.32 修改|放置 结构墙

步骤二：放置结构墙

在绘图区域依照GJ2墙体的CAD底图沿㉝轴线方向单击进行绘制，再次单击结束绘制，完成GJ2角部400 mm厚墙体设置，若未和底图对齐，则使用"对齐"命令进行调整。

依照上述步骤，绘制GJ2中200 mm厚墙体。GJ2结构墙绘制完成后，调整为"着色"模式及CAD底图前置模式，则结构墙放置完成，如图2.33所示。

步骤三：修改结构墙

放置结构墙GJ2完成后，需要修改结构墙的标高。按住Ctrl键依次单击选中放置的

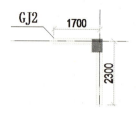

图 2.33 放置结构墙

结构墙 GJ2 各段，在属性面板中将底部限制条件改为"基础顶"，其他实例参数不做修改，然后单击"应用"按钮。

切换到"三维视图"后隔离图元，方便做进一步的观察、修改，GJ2 结构墙三维视图如图 2.34 所示。

GJ2 结构墙体需要分段绘制，可以将这种分段绘制的墙体设置成组后方便复制和绘图。在绘图区域，按住 Ctrl 键依次选中 GJ2 的 3 段墙体，单击"修改|墙"选项卡→"创建"面板→"创建组"命令，命名为"GJ2"，然后利用"复制"命令可以快速绘制 GJ2 结构墙体，绘制完成后需在"成组"面板中单击"解组"命令（图 2.35）。

图 2.34 GJ2 结构墙三维视图

图 2.35 "解组"命令

对于修改墙体的定位线、链、偏移量、半径等命令，这里不做赘述，同学们可以自行尝试、逐步熟悉。

想一想

如何绘制弧形结构墙体？

做一做

绘制 2#主题教育馆—1F 所有类型结构墙，将 2#主题教育馆—1F 结构墙模型绘制完成。

任务 2.2.5　绘制结构楼板

结构柱、梁、墙等构件绘制完成后，开始绘制结构楼板。打开"主题教育馆结构模型 3.2.5"，1F 结构楼板 CAD 图纸已经导入模型中，进入"2F"结构视图中首先绘制结构楼板。

步骤一：创建结构楼板

单击"结构"选项卡→"结构"面板→"楼板"下拉列表→"楼板：结构"命令（图 2.36）。

图 2.36　"楼板：结构"命令

在选项栏下，将偏移值设置为"0.0"，选中"延伸到墙中（至核心层）"复选框（图 2.37）。

图 2.37　延伸到墙中

在属性面板的"类型选择器"中指定结构楼板类型为"楼板常规－300 mm"，其他实例参数不做更改（图 2.38）。

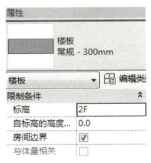

图 2.38　指定楼板结构类型

在属性面板中单击"编辑类型"进入"类型属性"对话框，复制并重命名新楼板为"楼板（120）"，单击结构"编辑"按钮，材质复制重命名为"C30（板）"混凝土，颜色设置为"RGB 0 255 0"，厚度为"120"（图 2.39），单击"确定"按钮。

图2.39 修改颜色

单击"修改|创建 楼板边界"选项卡→"绘制"面板下使用各种绘制命令进行楼板的边界线绘制,在此选用"拾取线"命令(图2.40)。

图2.40 "拾取线"命令

步骤二:生成结构楼板

沿CAD底图绘制楼板,拾取梁、柱内边线,楼板边界必须闭合,线与线之间不能彼此相交,在拾取完成后利用"修剪"命令,将楼板绘制完成(图2.41)。如果最后生成楼板时出现"错误-不能忽略"特别提示框,单击"继续"按钮→"修改|创建 楼板边界"选项卡→"修改"面板→"修剪"命令,使楼板边界闭合。如果要在楼板上开洞,可以在需要开洞的位置另外绘制一个闭合区域。

单击"修改|创建 楼板边界"选项卡→"模式"面板→✓(完成编辑模式)命令,楼板绘制完成。绘制完成后的结构楼板三维视图如图2.42所示。

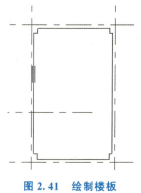

图2.41 绘制楼板

图2.42 结构楼板三维视图

对于创建结构楼板时设置坡度箭头、跨方向等其他命令,这里不做介绍,同学们可以自行尝试。

想一想

(1)如何绘制斜板?
(2)房间需要降板,应该如何创建?

做一做

绘制主题教育馆1F结构楼板,将主题教育馆1F结构楼板模型绘制完成。

任务 2.2.6　复制结构构件

参照主题教育馆结构图纸，根据前面步骤绘制好的结构构件结构柱、梁、墙、板等构件绘制完成后，楼层构件基本信息确定完成。通常来讲楼层结构构件都可以进行批量复制，但结构构件各个楼层间差异性大，一般情况下常用复制楼层结构柱信息，本任务中以复制楼层结构柱为例，打开"主题教育馆结构模型 3.2.6"，准备进行楼层复制。

步骤一：使用过滤器

查看 1F、2F 的结构柱，发现结构柱截面尺寸、强度大小并没有差别，只是配筋信息存在差异，满足批量复制楼层结构柱的要求。在未进行楼层复制前，结构构件三维视图如图 2.43 所示。

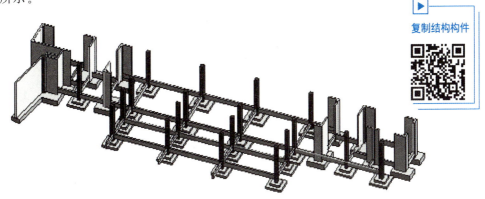

图 2.43　结构构件三维视图

进入"1F"结构平面，框选绘图区域所有图元信息，单击"修改|选择 多个"选项卡→"选择"面板→"过滤器"命令（图 2.44）。在弹出的对话框中，只选中"结构柱"选项（图 2.44），单击"确定"按钮，绘图区域所有结构柱呈选中状态。

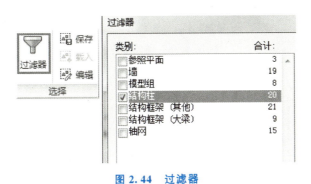

图 2.44　过滤器

步骤二：使用剪贴板

继续在"修改|结构柱"选项卡→"剪贴板"面板→"复制到剪贴板"命令（图 2.45）。然后"剪贴板"面板下"粘贴"命令亮显，单击"粘贴"命令下拉列表，选择"与选定的标高对齐"命令，在弹出来的对话框中选择目标标高，当复制结构柱由 1F 到 2F 时，选择目标标高为 2F 的顶标高"3F"。

图 2.45　剪贴板

步骤三：修改标高

在属性面板中将结构柱的"底部标高"设置为"2F"，将"底部偏移"设置为"0.0"，将"顶部标高"设置为"3F"（图 2.46）。单击"应用"按钮，则楼层结构柱信息复制完成，复制后结构构件三维视图如图 2.47 所示。

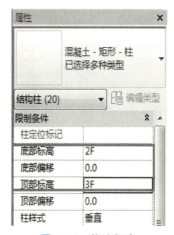

图 2.46　修改标高

图 2.47　复制后结构构件三维视图

复制楼层信息不仅局限于结构柱，楼层之间的任一结构构件，包括梁、板等都可以批

项目2 结构BIM模型的创建

量复制,同学们可以自行尝试。若使用批量复制构件操作,则每层改动构件不宜过多,否则逐层检查和核对改动构件会造成工作量增加。

做一做

将 2F 结构梁、结构板、结构柱复制到 3F,同时将 3F 复制生成的结构柱改为红色。

任务 2.2.7　绘制结构屋顶

结构柱、梁、墙、板等构件绘制完成后,通过楼层复制,结构主体模型基本建立。接下来打开"主题教育馆结构模型 3.2.7"进行结构屋顶的绘制。

步骤一:创建屋顶

在"屋顶1"(标高 18.560 m)结构平面视图中,单击"建筑"选项卡→"构建"面板→"屋顶"下拉列表→"迹线屋顶"命令,在属性面板中单击"类型属性"按钮,在弹出的对话框中复制并重命名新建板为"屋面板(110)",编辑屋面板的"材质""厚度"等(图 2.48),单击"确定"按钮。

	功能	材质	厚度	包络	可变
1	核心边界	包络上层	0.0		
2	结构 [1]	C30(屋面板)	110.0	□	□
3	核心边界	包络下层	0.0		

图 2.48　创建屋顶类型属性

结构屋顶创建

单击"修改|创建 屋顶迹线"选项卡→"绘制"面板下的各种命令创建楼板边界线,操作同创建楼板一致。绘制完成边界线后,单击"模式"面板下的 ✔,则屋顶板创建完成。

若屋面板无法显示,可用快捷键 V+V 打开"可见性"属性框,选中"屋顶"复选框(图 2.49),则屋顶将可以显示。若此时屋面板只显示部分内容,调整相应视图范围中的剖切面的偏移量数值即可。

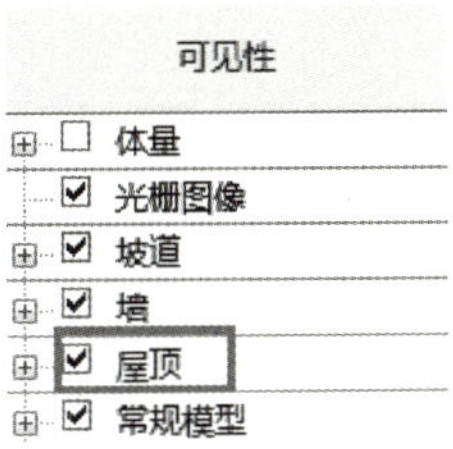

图 2.49　显示屋顶

步骤二:修改屋顶

由于按照上述步骤创建的屋面板是平板,而项目中的屋面板为带坡度的斜板,因此需要进一步修改。单击选中屋面板→"修改|屋顶"选项卡→"形状编辑"面板→"修改子

图元"命令（图 2.50），依次单击屋面顶Ⓐ轴线处的 2 个角点，将标高数值由"0"调整为"1020"，而Ⓒ轴线处的 2 个角点标高不动，设置完成后的结构屋顶三维视图如图 2.51 所示。

图 50 "修改子图元"命令

图 2.51 结构屋顶三维视图

对于结构屋顶的绘制，标高的计算尤为重要。屋顶的绘制方法有很多种，利用"坡度"命令可以绘制屋顶，利用"形状编辑"添加点、添加分割线等命令，也可以完成屋顶绘制。同学们可借助帮助文件自行学习，在这里不做展开介绍。

做一做

（1）练习绘制南坡屋顶。
（2）利用坡度命令绘制北坡屋顶。

✓ 巩固与提升

（1）对照图 2.52 梳理自己所掌握的知识体系，并与同学相互交流、研讨个人对某些知识点或技能技巧的理解。

（2）根据任务 2.2 的步骤及方法，利用所学知识，结合主题教育馆结构图纸，自主创建主题教育馆的主体结构模型。

知识点	关键命令
基础绘制	独立基础，条形基础，板基础
结构梁板柱绘制	创建，放置，修改，绘制结构标高
结构楼板绘制	创建，生成
楼层复制	复制，粘贴

图 2.52 知识体系

项目2　结构BIM模型的创建

任务2.3　绘制钢筋

Revit软件需要识别有效的钢筋主体才能进行构件配筋。有效的钢筋主体定义为用于模型材质参数值为混凝土或者预制混凝土的族，同时要将常规模型在族属性中编辑为可将钢筋附着到主体上才可以配筋。简单来说，材质为混凝土或者预制混凝土的结构构件可以配置钢筋。

结构构件配置钢筋一般简要步骤如下。

（1）创建视图。

创建视图一般情况下为剖面视图，进入到相应视图中才能开始绘制钢筋。

（2）设置构件保护层厚度。

根据不同结构构件对保护层厚度要求不同，分别设置保护层厚度。

（3）添加钢筋。

添加钢筋包括选择钢筋类型、设置钢筋放置的平面和方向、确定钢筋集（钢筋布局）、在对应位置放置钢筋。

（4）修改钢筋。

钢筋绘制完成后，利用操作柄调整钢筋的布置范围。

钢筋属性定义

任务目标

通过本任务的学习，学生应达到以下目标。

（1）掌握钢筋绘制的步骤。

（2）学会配置结构柱钢筋。

（3）学会配置结构梁钢筋。

钢筋创建方式

任务内容

根据结构图纸的柱、梁、板配筋图（图2.53），利用Revit软件简单绘制－1F（基础顶标高到1F底标高之间）结构柱KZ3、结构梁KL3、1F结构板Ⓐ～Ⓑ和Ⓙ～Ⓚ轴线处的钢筋。

实施条件

（1）Revit软件及相关项目模型。

（2）梁、柱、板配筋图等相关结构图纸。

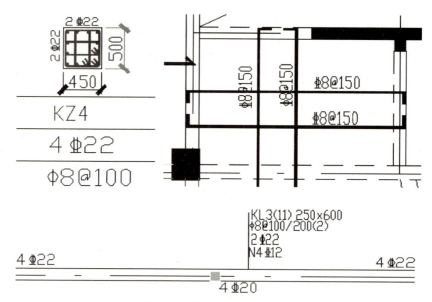

图 2.53 柱、梁、板配筋图

1. 结构柱钢筋绘制

打开"主题教育馆结构模型 3.3.1"进入"1F"结构平面,在绘图区域找到结构柱 KZ4 进行结构柱钢筋绘制。

步骤一:创建视图

结构柱配置钢筋可以不设置剖面,在"1F"结构平面视图中可以直接进行钢筋绘制。

步骤二:设置保护层厚度

单击"结构"选项卡→"钢筋"面板→"保护层"命令(图 2.54)。单击"编辑保护层设置"按钮,在"编辑钢筋保护层"面板中按结构图纸要求设置钢筋的保护层厚度(图 2.55),单击"确定"按钮后,在绘图区域单击要设置钢筋保护层的结构柱 KZ4。

图 2.54 保护层

说明	设置
IIa,(梁、柱、钢筋),≤C25	30.0 mm
IIa,(梁、柱、钢筋),≥C30	25.0 mm
IIa,(楼板、墙、壳元),≤C25	25.0 mm
IIa,(楼板、墙、壳元),≥C30	20.0 mm
IIb,(梁、柱、钢筋),≤C25	40.0 mm
IIb,(梁、柱、钢筋),≥C30	35.0 mm
IIb,(楼板、墙、壳),≤C25	30.0 mm

图 2.55 设置钢筋保护层厚度

步骤三：添加箍筋

单击"结构"选项卡→"钢筋"面板→"钢筋"命令，在"放置平面"面板中选择"近保护层参照"命令，在"放置方向"面板中选择"平行于工作平面"命令，在"钢筋集"面板中设置"布局：最大间距""间距：100.0 mm"（图2.56）。

图 2.56　设置添加箍筋命令

单击"修改|放置钢筋"选项栏，在"钢筋形状"浏览器中选择所需要的钢筋形状，在本项目中选择"钢筋形状：33"。

在属性面板中设置箍筋的钢筋直径和钢筋类别，在本项目中设置为"钢筋8HPB300"，单击绘图区域的结构柱KZ4放置钢筋，放置钢筋前可按Space键旋转钢筋方向。选中任意箍筋，通过调整控制柄，将各个箍筋按照本项目图纸位置放置[图2.57(a)]。将结构柱KZ4隔离图元，切换到三维视图，视觉样式切换为"线框模式"后如图2.57(b) 所示。

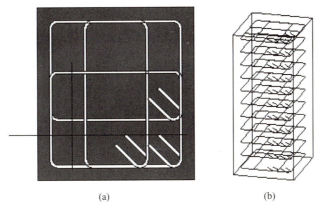

(a)　　　　　　　　　　(b)

图 2.57　添加箍筋

步骤四：添加纵筋

单击"结构"选项卡→"钢筋"面板→"钢筋"命令，在"放置平面"面板中选择"近保护层参照"，在"放置方向"面板中选择"平行于保护层"，在"钢筋集"面板中选择"平行于工作平面"，在"钢筋集"面板中设置"布局：单根"。

单击"修改|放置钢筋"选项栏→在"钢筋形状"浏览器中选择所需要的钢筋形状，在本项目中选择"钢筋形状：01"（图2.58）。

图 2.58　钢筋形状

在属性面板中设置纵筋的钢筋直径和钢筋类别，在本项目中设置为"钢筋22HRB400"，单击绘图区域的结构柱KZ3，在适当位置放置纵向钢筋，依次放置12根纵筋在结构柱KZ3上。选中任意一根纵筋，通过调整X、Y向数值，将各纵筋按照本项目图纸位置放置［图2.59（a）］。将结构柱KZ3隔离图元切换到三维视图，视觉样式切换为线框模式后如图2.59（b）所示。

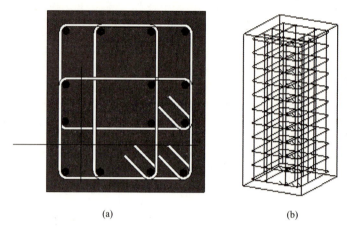

图 2.59　添加纵筋

2. 结构梁钢筋绘制

打开"主题教育馆结构模型3.3.2"进入"1F"结构平面，在绘图区域找到结构梁KL3，进行结构梁钢筋绘制。

步骤一：创建剖面视图

单击"视图"选项卡→"创建"面板→"剖面"命令，在KL3适当位置设置剖面1（图2.60），双击绘图区域上部文字"剖面1"，进入剖面视图。

步骤二：设置保护层厚度

单击"结构"选项卡→"钢筋"面板→"保护层"命令，然后单击"编辑保护层设置"按钮，在"编辑钢筋保护层"选项栏中设置钢筋的保护层厚度为"Ⅱ$_b$＝35 mm"，单击"确定"按钮即可。在绘图区域单击要设置钢筋保护层的结构柱KL3，保护层厚度设置完成如图2.61所示。

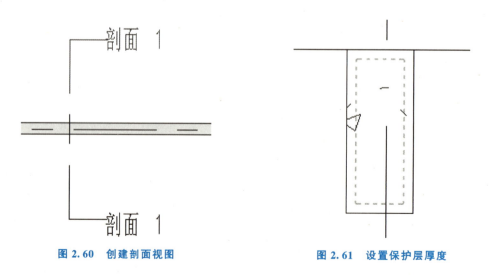

图 2.60　创建剖面视图　　　　图 2.61　设置保护层厚度

步骤三：添加箍筋

单击"结构"选项卡→"钢筋"面板→"钢筋"命令，在"放置平面"面板中选择"当前工作平面"，在"放置方向"中选择"平行于工作平面"，在"钢筋集"面板下设置"布局：最大间距""间距：100.0 mm"（图 2.62）。由于 Revit 自身设置钢筋功能有限，暂时无法实现"箍筋加密区 100 mm、箍筋非加密区 200 mm"，需要借助外部插件来实现，因此在本项目中简化设置，统一将箍筋间距设置为 100 mm。

图 2.62　设置添加箍筋命令

在"修改|放置钢筋"选项栏中选择所需要的钢筋形状，在本项目中选择"钢筋形状：33"，在属性面板中箍筋的钢筋直径和钢筋类别设置拉筋为"钢筋 8HPB300"（图 2.63），用"旋转"命令修改钢筋方向，单击绘图区域的结构梁 KL3 在适当位置放置钢筋，再用"复制"命令复制拉筋，放置完成后如图 2.64 所示。

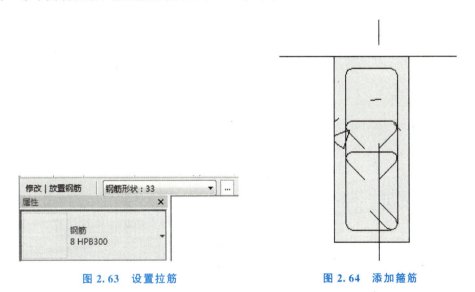

图 2.63　设置拉筋　　　　　　　　图 2.64　添加箍筋

步骤四：添加纵筋

再次单击"结构"选项卡→"钢筋"面板→"钢筋"命令，在"放置平面"面板下选择"当前工作平面"，在"放置方向"中选择"平行于保护层"，在"钢筋集"面板下设置"布局：单根"（图 2.65）。

图 2.65　添加纵筋

在"修改丨放置钢筋"选项栏下钢筋形状浏览器中选择所需要的钢筋形状,在本项目中选择"钢筋形状:01"。

在属性面板中设置上部纵筋的钢筋直径和钢筋类别为"钢筋22HRB400",单击绘图区域的结构柱KL3在适当位置放置纵向钢筋,依次放置4根纵筋在结构梁上部。

在属性面板中设置下部纵筋的钢筋直径和钢筋类别为"钢筋20HRB400",单击绘图区域的结构柱KL3在适当位置放置纵向钢筋,依次放置4根纵筋在结构梁下部。

在属性面板中设置抗扭钢筋的钢筋直径和钢筋类别为"钢筋12HRB400",单击绘图区域的结构柱KL3在适当位置放置纵向钢筋,依次放置4根抗扭钢筋在结构梁中部。选中任意一根纵筋,通过调整X、Y向数值,将各纵筋按照本项目图纸位置放置(图2.66)。

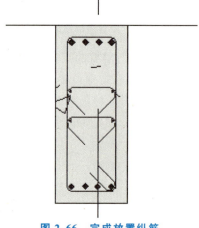

图 2.66　完成放置纵筋

将结构梁KL3钢筋部分隔离图元切换到三维视图(图2.67)。将结构梁KL3混凝土部分隐藏图元后,其纵筋三维视图如图2.68所示。

图 2.67　隔离图元三维视图

图 2.68　纵筋三维视图

3. 结构楼板钢筋绘制

结构楼板的钢筋一般布置为 2 个方向，所以楼板钢筋要分别设置 2 个剖面进行绘制。打开"主题教育馆结构模型 3.3.3"进入"1F"结构平面，进行结构楼板钢筋绘制。

步骤一：创建视图

单击"视图"选项卡→"创建"面板→"剖面"命令，在结构楼板沿长度方向适当位置先设置剖面 2-1，并进入到剖面视图 2-1 中，隔离出结构楼板图元，将视图切换为线框模式（图 2.69），再进行钢筋绘制。

图 2.69 线框模式剖面视图

步骤二：设置保护层厚度

单击"结构"选项卡→"钢筋"面板→"保护层"命令，然后单击"编辑保护层设置"按钮。在"编辑钢筋保护层"选项栏中设置钢筋的保护层厚度为"Ⅱ$_a$＝20 mm"，单击"确定"按钮即可。在绘图区域单击要设置钢筋保护层的结构楼板，保护层厚度设置完成后如图 2.70 所示。

图 2.70 设置保护层厚度

步骤三：添加钢筋

单击"结构"选项卡→"钢筋"面板→"钢筋"命令，在"放置平面"面板中选择"当前工作平面"，在"放置方向"面板中选择"平行于工作平面"，在"钢筋集"面板下设置"布局：最大间距""间距：150 mm"（图 2.71）。

图 2.71 设置添加钢筋命令

在"修改|放置钢筋"选项栏下钢筋形状浏览器中选择所需要的钢筋形状，在本项目中选择"钢筋形状：02"。

在属性面板中设置底部钢筋直径和钢筋类别为"钢筋 8HRB400"（图 2.72）。

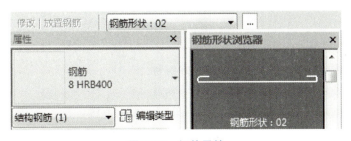

图 2.72 钢筋属性

单击绘图区域的结构楼板绘制底部纵向钢筋（图 2.73），单击"放置钢筋"命令，用操作柄调整底部钢筋至适宜的长度。

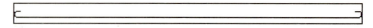

图 2.73　绘制底部纵向钢筋

利用同样的方法，绘制顶部纵向钢筋，绘制完成的剖面视图 2－1 如图 2.74 所示。

图 2.74　绘制顶部纵向钢筋

布置长边钢筋同布置短边钢筋一致，创建剖面视图 2-2，并进入到剖面视图 2-2，单独隔离出结构楼板图元。由于保护层之前已经设置好，因此在剖面视图 2-2 中不必另行设置。绘制完成的剖面视图 2-2 如图 2.75 所示。

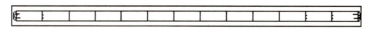

图 2.75　绘制长边纵向钢筋

将结构楼板钢筋部分隔离图元切换到三维视图，视觉样式切换为真实模式（图 2.76）。

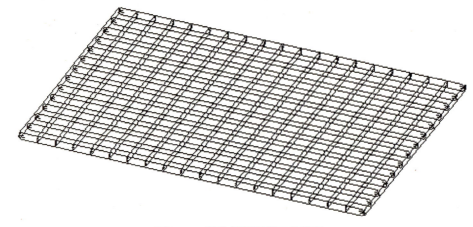

图 2.76　结构楼板钢筋三维视图

基础底板的钢筋绘制也遵循同样的步骤，分别设置不同的剖面进行钢筋绘制，同学们可自行进行练习，这里不做赘述。

做一做

（1）练习绘制主题教育馆结构柱 KZ1 的钢筋。
（2）练习绘制主题教育馆结构梁 KL4 的钢筋。
（3）练习绘制主题教育馆结构楼板（h＝150 mm）的钢筋。

✓ 巩固与提升

（1）对照图 2.77，梳理自己所掌握的知识体系，并与同学相互交流、研讨个人对某些

项目2 结构BIM模型的创建

知识点或技能技巧的理解。

(2) 根据任务3.3工作步骤及方法,利用所学知识,结合主题教育馆结构图纸,绘制主题教育馆的余下结构柱、结构梁、结构楼板及基础的结构钢筋。

图 2.77 知识体系

任务 2.4 创建结构明细表

明细表是将从项目中的图元属性中提取的信息以表格形式表达。可根据需要,生成工程需要的明细表类型。

在本任务中会讲解明细表中比较常用的"明细表/数量"和"材质提取"两类明细表。打开"主题教育馆结构模型3.4.1"进行结构明细表的生成。

任务目标

通过本任务的学习,学生应达到以下目标。
(1) 掌握明细表的创建方法。
(2) 运用明细表统计工程量。

结构明细表

任务内容

参照某主题教育馆结构图纸,创建−1F(基础顶标高到1F底标高之间)的北部结构模型,生成明细表,统计−1F结构钢筋和结构梁的类型、数量及−1F需要的混凝土量。

实施条件

(1) 主题教育馆结构相关图纸。
(2) Revit软件及相关Revit项目模型。

1. 结构构件信息统计

步骤一：创建明细表

单击"视图"选项卡→"创建"面板→"明细表"下拉列表→"明细表/数量"命令(图 2.78),在弹出的"新建明细表"对话框中设置本项目所需内容,单击"确定"按钮(图 2.78)。

在"明细表属性"对话框中对明细表的"字段""过滤器""排序/成组""格式""外

127

图 2.78 创建明细表

观"等参数进行设置。在"字段"中选择"类型""族与类型""长度""结构材质""合计"字段进行添加,单击"确定"按钮生成明细表(图 2.79)。

<结构梁明细表>

A	B	C	D	E
类型	族与类型	长度	结构材质	合计
KL3-250×600	混凝土 - 矩形	50100	C30(梁)	1
KL4-250×600	混凝土 - 矩形	25200	C30(梁)	1
KL4-250×600	混凝土 - 矩形	25200	C30(梁)	1
KL17-250×600	混凝土 - 矩形	9150	C30(梁)	1
KL5-250×600	混凝土 - 矩形	6425	C30(梁)	1
KL5-250×600	混凝土 - 矩形	6400	C30(梁)	1
KL17-250×450	混凝土 - 矩形	9150	C30(梁)	1
KL2-250×600	混凝土 - 矩形	33400	C30(梁)	1
KL17-250×450	混凝土 - 矩形	6800	C30(梁)	1
KL17-250×450	混凝土 - 矩形	4000	C30(梁)	1
KL5-250×450	混凝土 - 矩形	10100	C30(梁)	1
KL5-250×450	混凝土 - 矩形	10200	C30(梁)	1

图 2.79 结构梁明细表

步骤二:修改明细表

通过上述步骤直接生成的明细表有很多重复项,因此需要做进一步修改。单击"明细表属性"下的"排序/成组"进行编辑,编辑内容如图 2.80 所示,单击"确定"按钮。

修改完成后的结构梁明细表如图 2.81 所示。此外还可以利用"修改明细表/数量"选项卡下"列""行""标题""页眉""外观"等面板中的各种命令对生成的明细表进行修改,这里不做赘述。

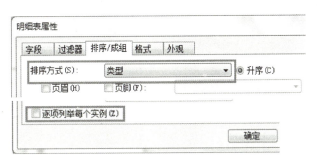

图 2.80 修改明细表

<结构梁明细表>

类型	族与类型	长度	结构材质	合计
KL1-200×700	混凝土 - 矩形	4800	C30（梁）	2
KL2-200×600	混凝土 - 矩形	2130	C30（梁）	1
KL2-250×600	混凝土 - 矩形	33400	C30（梁）	1
KL3-250×600	混凝土 - 矩形	50100	C30（梁）	1
KL4-250×600	混凝土 - 矩形	25200	C30（梁）	2

图 2.81 修改完成后的结构梁明细表

2. 混凝土使用量

步骤一：创建明细表

单击"视图"选项卡→"创建"面板→"明细表"下拉列表→"材质提取"命令，创建明细表。在弹出的"新建材质提取"对话框中"过滤器列表"选择"结构"，"类别"选择"＜多类别＞"，"名称"设置为"混凝土使用量"，单击"确定"按钮（图 2.82）。

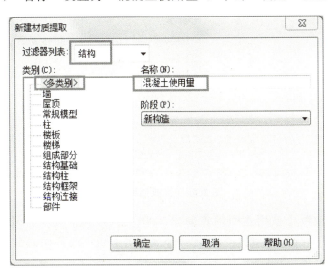

图 2.82 新建明细表

在"材质提取属性"对话框中对明细表的"字段""过滤器""排序/成组""格式""外观"等参数进行设置。我们在"字段"中选择"材质：名称""材质：体积"字段进行添加［图 2.83(a)］。在"排序/成组"选项下将排序方式设置为"材料：名称"，不选中"逐项列举每个实例"复选框，单击"确定"按钮后即生成明细表［图 2.83(b)］。

129

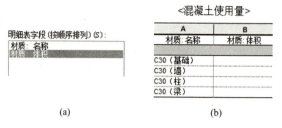

(a)   (b)

图 2.83　添加字段与生成明细表

步骤二：修改明细表

新生成的明细表并没有进行"材质：体积"统计，因此需要做进一步修改。单击"明细表属性"下的"格式"选项卡进行编辑，编辑内容如图 2.84 所示，单击"确定"按钮。

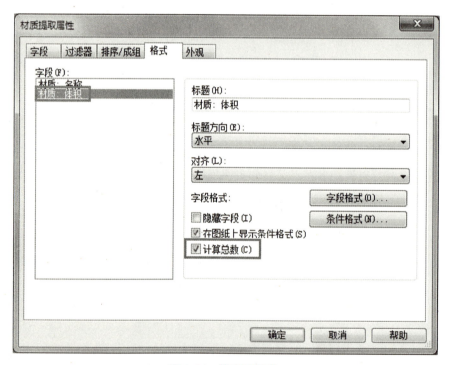

图 2.84　修改明细表

修改完成后的混凝土使用量明细表如图 2.85 所示。此外还可以用"修改明细表/数量"选项卡中"列""行""标题""页眉""外观"等面板下的各种命令对生成的明细表进行修改，这里不做赘述。

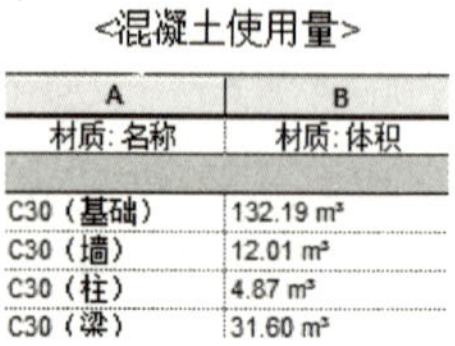

图 2.85　修改完成后的混凝土使用量明细表

项目2　结构BIM模型的创建

> 做一做

统计−1F层基础、结构柱、结构墙的构件信息。

3. 结构钢筋信息统计

步骤一：创建明细表

打开"主题教育馆结构模型3.11"创建结构钢筋明细表，方法同结构构件信息明细表一致。单击"视图"选项卡→"创建"面板→"明细表"下拉列表→"明细表/数量"命令以创建明细表。在弹出的"新建明细表"对话框中，在"类别"中选择"结构钢筋"选项，并命名为"结构钢筋明细表"，单击"确定"按钮。

在"明细表属性"对话框中对明细表的"字段""滤器""排序/成组""格式""外观"等参数进行设置，在"字段"中选择"类型""材质""钢筋长度""钢筋直径""钢筋体积""合计""数量"字段进行添加（图2.86），单击"确定"按钮后即生成明细表。

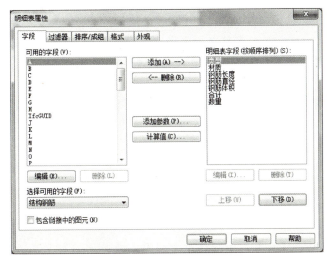

图2.86　创建明细表

步骤二：修改明细表

新生成的明细表有很多重复项，需要进一步的合并统计。单击"明细表属性"中的"排序/成组"进行编辑，按照"类型"进行排序，不选中"逐项列举"复选框。其中钢筋直径和类别表达有所重复，可删除钢筋直径列项。单击"明细表字段"中的"钢筋直径"→"删除"按钮→"确定"按钮，即生成新的明细表（图2.87）。

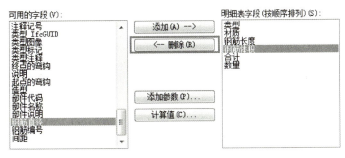

图2.87　修改明细表

131

修改完成后的结构钢筋明细表如图 2.88 所示。修改明细表时也可以直接选中明细表，在明细表上做二次修改，同学们可以自行尝试，这里不做赘述。

<结构钢筋明细表>

A	B	C	D	E	F
类型	材质	钢筋长度	钢筋体积	合计	数量
8 HPB300	钢筋 - HPB300			3	80
12 HRB400	钢筋 - HRB400	8860 mm	1002.04 cm³	4	1
20 HRB400	钢筋 - HRB400	8860 mm	2783.45 cm³	4	1
22 HRB400	钢筋 - HRB400	8860 mm	3367.98 cm³	4	1

图 2.88　修改完成后的结构钢筋明细表

做一做

利用明细表功能，统计－1F 层基础、结构柱、结构墙的信息。

4. 导出结构明细表

单击"应用程序"按钮→"导出"→"报告"→"明细表"选项，可以将所有类型的明细表导出为".txt"文本文件，大多数电子表格应用程序，如 Microsoft Excel 软件，均可以很好地支持这类文件，将其作为数据源导入电子表格中。

但是 Excel 文件不可以导入 Revit 中的明细表内，要想实现 Excel 文件和明细表之间数据的相互导入则需要借助外部插件工具，同学们可以利用相关插件进行尝试。

做一做

将"结构梁明细表""混凝土使用量"明细表导出成".txt"文本格式，并导入 Excel 软件中。

✅ 巩固与提升

（1）对照图 2.89 梳理自己所掌握的知识体系，并与同学相互交流、研讨个人对某些知识点或技能技巧的理解。

（2）根据任务 2.4 工作步骤及方法，结合主题教育馆结构图纸，利用自己创建的主题教育馆模型汇总各个结构构件信息、提取材质工程量，尝试导出明细表并生成 Excel 表格。

家国情怀，
众志成城

图 2.89　知识体系

拓展讨论

党的二十大报告指出，坚持发扬斗争精神。增强全党全国各族人民的志气、骨气、底气，不信邪、不怕鬼、不怕压，知难而进、迎难而上，统筹发展和安全，全力战胜前进道路上各种困难和挑战，依靠顽强斗争打开事业发展新天地。从雷神山火神山医院建设中你得到什么启示？

项目 3　机电 BIM 模型的创建

学习目标

知识目标	技能目标	素质目标
1. 熟练掌握创建机械样板以及创建机电族的方法 2. 熟练掌握创建风管模型、给排水模型和电气模型的方法 3. 熟练掌握进行管线综合分析和创建机电明细表的方法	1. 能够熟练运用 Revit 软件进行机电样板创建以及机电模型的创建 2. 能够熟练运用 Revit 软件进行机电明细表的创建 3. 能够运用专业知识进行管线综合分析	1. 培养自主学习和专业提升的能力 2. 培养精益求精的工匠精神 3. 能够关注行业发展和技术创新，培养科学探索的精神 4. 培养协作互补，共同进步的团队精神。 5. 树立安全意识，培养社会责任感

知识导入

机电 BIM 模型的作用

（1）按照工程师的思维模式进行工作，开展智能设计。

Revit 借助真实管线进行准确建模，可以实现智能、直观的设计流程。Revit 采用整体设计理念，从整栋建筑物的角度来处理信息，将排水、暖通和电气系统与建筑模型关联起来，为工程师提供更好的决策参考和建筑性能分析。利用 Revit 可以优化建筑设备及管道系统的设计，更好地进行建筑性能分析，充分发挥 BIM 的竞争优势，促进可持续性设计。同时，利用 Revit 将机电工程师与建筑工程师或结构工程师协同，还可即时获得来自建筑信息模型或结构信息模型的设计反馈，实现数据驱动设计所带来的巨大优势，轻松跟踪项目的范围、进度、工程量统计和造价分析。

（2）借助参数化变更管理，提高协调一致性。

利用 Revit 软件完成管线综合模型的建立，最大限度地提高建筑工程设计和制图的效率，提高设备专业设计团队之间，以及与建筑工程师或结构工程师之间的协作。通过实时的可视化功能，改善与客户的沟通，并更快地做出决策。Revit 建立的管线综合模型可以与建筑模型和结构模型展开无缝协作。在模型的任何一处进行变更，整个设计和文档即会自动更新所有相关的内容。

(3) 培养协作互补，共同进步的团队精神。

机电 BIM 模型包含了机电众多专业。其排布复杂，需在有限的空间里将各种管线有序摆放，充分体现了 BIM 创作者的专业能力、综合能力和现场应变能力，体现了协作互补、共同进步的团队精神。

任务 3.1　创建机械样板

任务目标

通过本任务的学习，学生应达到以下目标。
（1）熟悉机械样板的设置内容。
（2）掌握初始样板的设置方法。
（3）掌握系统的设置方法。
（4）掌握项目浏览器的设置方法。
（5）掌握可见性和过滤器的设置方法。

任务内容

新建项目，从系统自带的样板中选择合适的样板文件进行机械样板的建立；创建管道系统和风管系统，对系统的类型属性进行编辑；设置初始样板、系统、项目浏览器、过滤器和可见性。

实施条件

（1）2#主题教育馆暖通 CAD 施工图。
（2）Revit 软件。

设置初始样板

3.1.1　设置初始样板

Revit 默认的"构造样板"是通用的项目设置，"建筑样板"针对建筑专业，"结构样板"针对结构专业，"机械样板"针对机电全专业（包括水、暖、电专业）。

打开 Revit 软件，在"项目"选项区域中选择"新建"项目。在弹出的"新建项目"对话框中选择"机械样板"（图 3.1），在"新建"选项区域中选择"项目样板"，单击"确定"按钮。这是打开样板文件的快捷方式，具体对应的样板文件可以单击"应用程序"按钮→"选项"→"文件位置"命令，然后进行设置（图 3.2）。

在使用 Revit 初期，我们可以使用系统自带的项目样板文件，但是为了提高效率也可以建立适合自己项目的项目样板。在本任务中，将结合实际工程在"机械样板"的基础上建立适合工程项目的新的机械样板。

图 3.1　机械样板

图 3.2　文件位置

3.1.2　设置系统

由于在 Revit 默认的样板文件中，只有简单的 10 种管道系统和 3 种风管系统，不能满足多专业协同设计的需求，因此可以在默认样板基础上结合项目实际情况新建适合实际项目的系统，对每种系统的材质、图形替换进行设置，将标准直接融入样板文件中。

设置系统

1. 创建系统

步骤一：创建管道系统

样板默认的管道系统不能删除也不能修改，只能在其原有基础上进行复制并重命名。结合图纸将管道系统大致分为以下几个系统：给水系统、中水系统、热给水系统、热回水系统、排水系统、废水系统、雨水系统、消火栓系统、自喷淋系统、冷媒管系统、冷凝水管系统。

在"项目浏览器-样板 1"面板中展开"管道系统"节点，右击"家用冷水系统"选择"复制"，单击已复制的"家用冷水系统 2"，右击选择"重命名"选项，改为"J 给水系统"。如果没有合适的系统进行复制可以选择"其他"进行复制，其他系统设置如图 3.3 所示。

步骤二：创建风管系统

样板自带的风管系统有3种，即回风、排风、送风，结合图纸发现还缺少"新风"和"排烟"，在"项目浏览器-样板1"面板中展开"风管系统"节点，分别选择"PF 排风"和"SF 送风"复制，并重命名为"PY 排烟"和"XF 新风"，设置完成后如图3.4所示。

图 3.3　管道系统　　　　　图 3.4　风管系统

2. 编辑系统属性

管道系统和风管系统设置完成后，还需要对系统属性进行编辑，包括添加材质、编辑材质和图形替换。

步骤一：添加材质

单击"XF 新风"，右击选择"类型属性"，在弹出的"类型属性"对话框中单击"材质"栏的"按类别"后的编辑按钮，进入"材质浏览器"对话框。可以从现有材质库里搜索需要的材质（图3.5），如果没有合适的材质还可以创建新的材质。单击图3.5所示的"新建材质"选项，单击生成的新材质，右击选择"重命名"，命名为"镀锌钢板-新风管"。

图 3.5　添加材质

步骤二：编辑材质

新建完成新的材质后，需要对其标识、图形和外观进行编辑。

（1）在"标识"选项卡中的类别里选择"金属"（图3.6），单击"应用"按钮。

（2）在"图形"选项卡中设置"着色""表面填充图案""截面填充图案"，在"着色"选项栏中"颜色"设置可以根据项目要求设置为"RGB 0 128 64"，"表面填充图案"和"截面填充图案"选项栏中"填充图案"均可选择"实体填充"（图3.7），之后单击"应用"按钮。如果在"着色"选项栏中选中"使用渲染外观"复选框，则着色颜色会自动选用渲染材质的颜色。

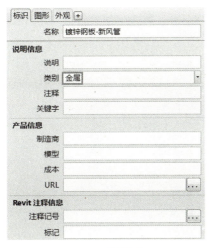

图3.6　编辑标识　　　　　　　　图3.7　编辑图形

（3）在"外观"选项卡中单击右上角第一个按钮"替换此资源"，弹出"资源浏览器"对话框，在搜索栏里输入"钢"，在出现的资源里选择所需要的材质，选择"镀锌"选项（图3.8），单击后面的"替换"按钮。关闭"资源浏览器"对话框，在"材质浏览器"对话框中单击"确定"按钮，即可完成新风系统的材质添加。

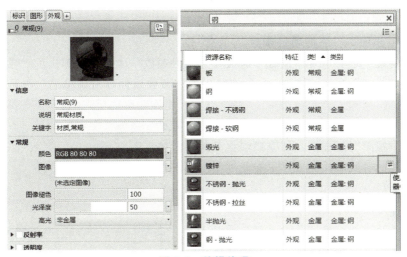

图3.8　编辑外观

步骤三：图形替换

在"类型参数"对话框中对"图形替换"进行编辑，单击"编辑"按钮，在弹出的"线图形"对话框中设置风管系统的线颜色，设置的颜色同"图形"中颜色一致，"宽度""填充图案"可以根据需要设置（图3.9）。

图3.9 图形替换

做一做

（1）建立风管系统中新风系统、送风系统、回风系统。
（2）在新风系统、送风系统、回风系统中编辑系统属性。

3.1.3 设置项目浏览器

设置项目浏览器

机电专业涉及的分专业较多，若所有专业建模都在同一个平面视图中进行，会让整个视图变得杂乱无序，而一个整齐的项目浏览器视图目录会让建模更加得心应手。

在本任务中通过添加项目参数，过滤出专业类型和子专业类型，使得具有相同属性的视图在同一个目录下显示。

步骤一：添加项目参数

单击"管理"选项卡→"设置"面板→"项目参数"命令，在弹出的"项目参数"对话框中单击"添加"按钮（图3.10）。在弹出的"参数属性"对话框的"参数数据"选项栏中的"名称"里输入"专业类型"。系统默认"实例"单选项，"规程"选择"公共"选项，"参数类型"选择"文字"选项，"参数分组方式"选择"文字"选项，在"类别"选项栏中选中"视图"复选框，即完成项目参数的添加（图3.11）。

采用相同的方式添加完成"子专业类型"。

想一想

添加完成后，想一想"参数属性"选项栏中"类型"与"实例"单选项有什么区别？如果"参数数据"选择"类型"会有什么变化？

项目3 机电BIM模型的创建

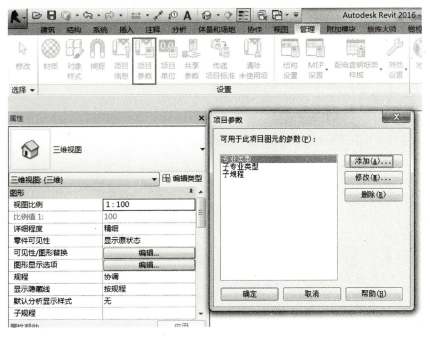

图 3.10 添加项目参数

图 3.11 添加项目参数

步骤二：浏览器组织

单击"项目浏览器"窗口中的"视图"节点，右击选择"组织浏览器"选项，单击"新建"输入名称为"专业类型"，单击"确定"按钮。选中"专业类型"复选框，单击"编辑"按钮（图 3.12）。在弹出的"浏览器组织属性"对话框中，单击"成组和排序"选项卡，在"成组条件"下拉列表中选择"专业类型"选项，在"否则按"下拉列表中选择"子专业类型"选项，在第二个"否则按"下拉列表中选择"族与类型"选项（图 3.13）。

139

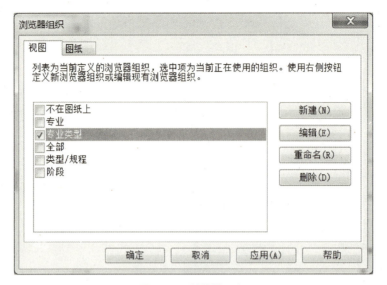

图 3.12 浏览器组织

图 3.13 "成组与排序"选项卡

步骤三：添加平面视图

按照浏览器的组织属性分别对各类视图进行"专业类型"和"子专业类型"的修改。

单击"视图"选项卡→"创建"面板→"平面视图"下拉列表→"楼层平面"命令，在弹出的"新建楼层平面"对话框中将"1F""2F"添加到视图中。如果选中没有对应的楼层平面，取消选中"不复制现有视图"复选框，单击"编辑类型"按钮，在"类型属性"对话框中的"查看应用到新视图的样板"栏选择"无"选项（图 3.14）。

步骤四：创建专业视图

单击"项目浏览器"窗口中的"视图"节点，将"1F"重命名为"1F-通风"，在楼层平面属性面板中找到"文字"一栏，在"专业类型"后输入"暖通"，在"子专业类型"后输入"通风"，这样"1F-通风"就会建立在相应的目录下，其他专业的平面视图也可用同样方法建立，建立后的项目浏览器如图 3.15 所示。

项目3　机电BIM模型的创建

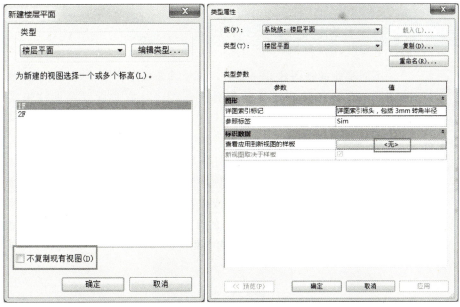

图 3.14　新建楼层平面

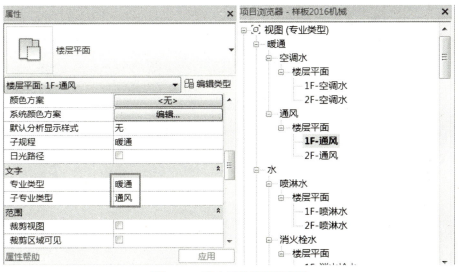

图 3.15　建立后的项目浏览器

 **特别提示**

> 对于专业和子专业的划分可以做以下参考：暖通（空调水、通风）、水（给排水、消火栓水、喷淋水）、电气（强电、弱电）。

做一做

（1）根据特别提示建立暖通、水、电气三个专业的平面视图。
（2）建立各个专业的立面视图和三维视图。

141

3.1.4 设置可见性和过滤器

设置可见性和过滤器

不同专业的视图建立完成后，由于标高位置相同，同一标高的楼层平面视图还是会显示所有建模的所有实例，这时需要设置可见性来实现显示问题。

1. 可见性设置

在暖通专业下有两个子专业分别是"通风"和"空调水"，这是两个不同类别的子专业，可以通过设置模型类别来实现可见性的调整。单击"视图"选项卡→"图形"面板→"可见性/图形"命令，或在属性面板中单击"可见性/图形替换"后的"编辑"按钮，会弹出"楼层平面：1F-通风的可见性/图形替换"窗口，可对模型类别的可见性进行编辑。在过滤列表中选择"机械"选中相应的"机械设备""风管"等类别（图3.16）。

图3.16 模型可见性

2. 过滤器设置

水专业中的"给排水""喷淋水""消防水"都属于管道系统，在选中类别时三者仍显示在同一个楼层平面，这就需要添加过滤器来只显示单一的子专业。

步骤一：新建过滤器

单击"视图"选项卡→"图形"面板→"过滤器"命令，在弹出的"过滤器"对话框中单击"新建"按钮输入名称（如"给水"），单击"确定"按钮，在"类别"列表框中选中包含在过滤器中的一个或多个类别（如"卫浴装置""管件""管道""管道占位符""管道附件""管道隔热层"等）。

步骤二：修改过滤条件

在"过滤器规则"选项栏中将"过滤条件"设置为"系统类型",在其下的下拉列表中选择过滤器运算符为"等于",在之后的下拉列表中选择"J 给水系统"选项,即所有系统类型等于 J 给水系统的实例都可以被过滤出来(图 3.17)。

图 3.17 过滤器

"给水"的过滤器建立完成后,"中水""排水""废水"等可以在"给水"基础上复制修改。

步骤三：添加过滤参数

过滤器参数设置完成后需要在"可见性/图形替换"的"过滤器"选项卡中添加这些参数,单击"添加"依次将"给水""排水""废水"等参数加入选项卡中,可以在不同楼层平面设置不同系统的可见性,同样也可以在过滤器中设置颜色(图 3.18)。

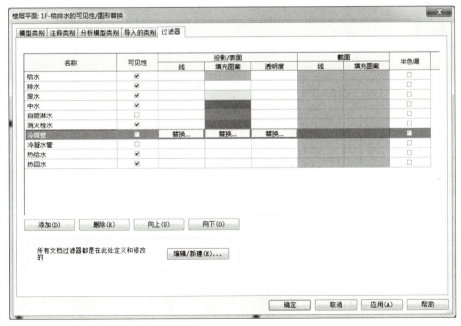

图 3.18 过滤参数

例如，在"给排水"楼层平面中选中"给水""排水""废水""中水""消火栓水""热给水""热回水"的"可见性"复选框，那么"自喷淋水""冷媒管""冷凝水管"相应的管道将不显示。

✓ 巩固与提升

（1）对照图 3.19，梳理自己所掌握的知识体系，并与同学相互交流、研讨个人对某些知识点或技能技巧的理解。

知识点	• 关键命令
初始样板选择	• 选择合适的自带样板、新建项目样板
系统设置	• 风管系统设置、管道系统设置、系统属性编辑
项目浏览器设置	• 添加项目参数、组织浏览器、添加各类视图
可见性和过滤器设置	• 可见性设置、过滤器设置

图 3.19 知识体系

（2）样板中给风管和管道可以通过材质和过滤器添加颜色，比较两种方法的不同。

（3）在过滤器规则中存在多种规则，如"包含""大于"设置不同的过滤规则查看过滤效果如何。

任务 3.2 创建风管模型

任务目标

通过本任务的学习，学生应达到以下目标。
（1）掌握新建项目文件的方法。
（2）掌握 CAD 文件导入的方法。
（3）掌握绘制风管系统的方法。

任务内容

绘制 2#主题教育馆 1F 餐厅风管系统模型。

实施条件

（1）2#主题教育馆暖通 CAD 施工图。
（2）Revit 软件。

3.2.1 项目准备

在绘制风管系统模型之前需要新建项目文件，在选择项目样板时可以选择系统自带的样板，也可选择自己建立的样板，之后进行CAD图纸导入，建立项目需要的标高和轴网。

步骤一：新建项目文件

单击"应用程序"→"新建"→"项目"按钮，打开"新建项目"对话框，单击"浏览"按钮，选择"样板2016机械.rte"项目样板文件，单击"确定"按钮，即创建新的项目文件（图3.20）。

项目准备

图 3.20　新建项目

步骤二：导入 CAD 图纸

单击"插入"选项卡→"导入"面板→"导入CAD"命令，或"链接"面板→"链接CAD"命令。打开"链接CAD格式"对话框，选择"一层通风_t3"文件，选中"仅当前视图"复选框，导入单位为"毫米"，定位为"自动-原点到原点"，放置于"1F"，单击"打开"按钮（图3.21）。

图 3.21　导入 CAD 图纸

导入CAD图纸后，把CAD图纸作为底图放置于四个立面符号中间，并且进行锁定（图3.22），之后按照底图修改标高，并拾取轴网。标高、轴网的修改和拾取与项目1、项目2相同，这里不再赘述。

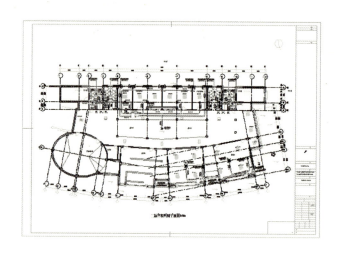

图 3.22 锁定 CAD 底图

3.2.2 绘制风管系统

1. 风管参数设置方法

在 Revit 中，通过"机械设置"对风管的尺寸进行设置。

步骤一：进入参数设置

单击"管理"选项卡→"设置"面板→"MEP 设置"下拉选项→"机械设置"命令，或者单击"系统"选项卡→"机械"面板按钮，也可以进入到"机械设置"对话框中（图 3.23）。

打开"机械设置"对话框，分别单击"矩形""椭圆形""圆形"可以分别定义对应形状的风管尺寸（图 3.24）。

风管参数设置和风管属性设置

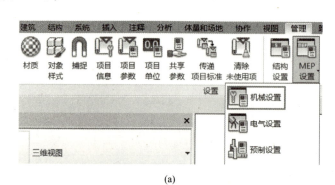

(a)

图 3.23 机械设置

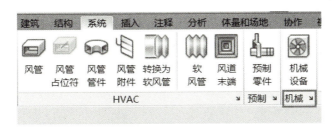

(b)

图 3.23　机械设置（续）

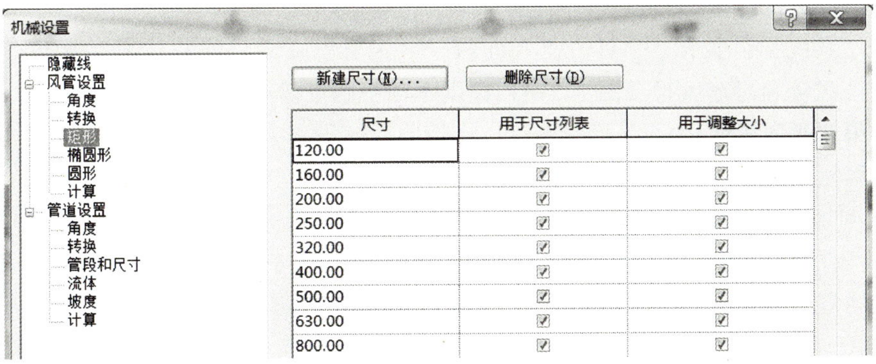

图 3.24　机械设置

步骤二：修改风管尺寸

在"机械设置"对话框中，单击"新建尺寸"或"删除尺寸"按钮可以添加或删除风管的尺寸。如果在绘图区域已经绘制了某尺寸的风管，则该尺寸在"机械设置"尺寸列表中将不能被删除，而需要先删除项目中的风管，才能删除"机械设置"尺寸列表中的尺寸。

通过选中"用于尺寸列表"和"用于调整大小"复选框可以定义风管尺寸在项目中的应用。如果选中某一风管尺寸的"用于尺寸列表"复选框，则该尺寸可以被"风管布局编辑器"和"修改|放置风管"中风管尺寸下拉列表调用。如果选中某一风管尺寸的"用于调整大小"复选框，则该尺寸可以应用于"修改|风管"选项卡"分析"面板中的"调整风管/管道大小"功能（图 3.25）。

图 3.25　调整风管大小

步骤三：修改风管尺寸

在绘制风管时可以直接选择选项栏中"宽度"和"高度"下拉列表中的尺寸（图 3.26）。

图 3.26 调整风管宽度和高度

2. 风管属性设置方法

步骤一：选择风管

单击"系统"选项卡→"HVAC"面板→"风管"命令，样板中默认配置了圆形风管、椭圆形风管和矩形风管（图 3.27），根据本项目图纸需要绘制矩形风管。

步骤二：编辑类型属性

单击属性面板中的"编辑类型"按钮，打开"类型属性"对话框，在"类型"下拉列表中有4种可供选择的风管类型，分别为"半径弯头/T形三通""半径弯头/接头""斜接弯头/T形三通"和"斜接弯头/接头"（图 3.28）。它们的区别主要在于弯头和支管的连接方式，半径弯头与斜接弯头表示弯头的连接方式，T形三通与连接头表示支管的连接方式（图 3.29）。

图 3.27 风管

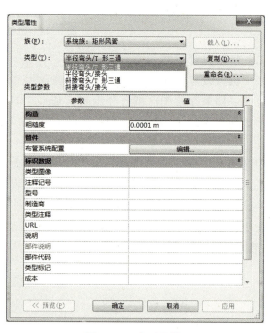

图 3.28 类型属性

根据本项目图纸，选择"半径弯头/T形三通"的连接方式，单击"编辑类型"按钮，打开"类型属性"对话框，单击"复制"按钮，在弹出的"名称"对话框中输入"送风"，以建立送风风管。

步骤三：配置送风风管

单击"类型属性"对话框中"布管系统配置"后的"编辑"按钮，在弹出的"布管

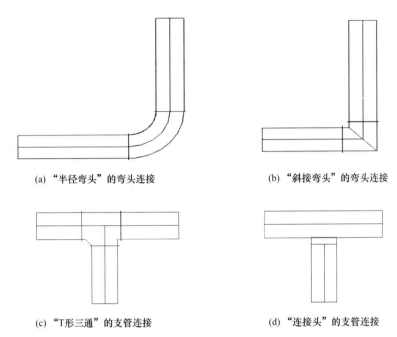

(a) "半径弯头"的弯头连接　　(b) "斜接弯头"的弯头连接

(c) "T形三通"的支管连接　　(d) "连接头"的支管连接

图 3.29　连接方式

系统配置"对话框中对送风风管进行配置。如果在下拉列表中没有所需类型的管件，可以单击"载入族"按钮，从族库中导入（图 3.30）。同理配置"新风""回风""排风"风管。

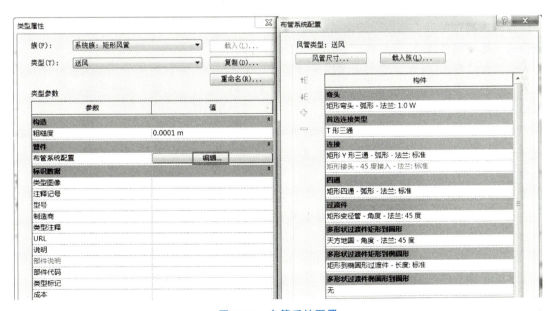

图 3.30　布管系统配置

3. 风管绘制方法

步骤一：进入风管绘制模式

单击"系统"选项卡→"HVAC"面板→"风管"命令（图 3.31）。进入风管绘制模式后，"修改|放置 风管"选项卡和"修改|放置 风管"选项栏被同时激活（图 3.32）。

风管绘制方法和风管对正方法

图 3.31 "风管"命令

图 3.32 修改|放置 风管

步骤二：选择风管类型

在风管属性面板中选择需要绘制的风管类型。

步骤三：选择风管尺寸

在风管"修改|放置 风管"选项栏的"宽度"和"高度"下拉列表中选择风管尺寸。如果下拉列表中没有需要的尺寸，可以分别在"宽度"和"高度"中输入需要绘制的尺寸。

步骤四：指定风管偏移

默认"偏移量"是指风管中心线相对于当前平面标高的距离。在"偏移量"下拉列表中可以选择项目中已经用到的风管偏移量，也可以直接输入自定义的偏移量值，默认单位为毫米。

步骤五：指定风管的起点和终点

将鼠标指针移至绘图区域，单击指定风管的起点，移动鼠标至终点的位置再次单击，即完成一段风管的绘制。可以继续移动鼠标绘制下一段，风管将根据管路布局自动添加在"类型属性"对话框中预设好的风管管件。绘制完成后，按 Esc 键，或者右击，在弹出的快捷菜单中选择"取消"命令，即退出风管绘制命令。

4. 风管对正

步骤一：指定对正方式

在平面视图和三维视图中绘制风管时，可以单击"修改|放置 风管"选项卡→"放置工具"面板→"对正"命令，打开"对正设置"对话框，来指定风管的对正方式（图 3.33）。

项目3 机电BIM模型的创建

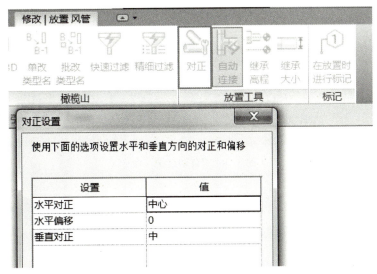

图 3.33 "对正设置"对话框

(1)水平对正：在当前视图下，以风管的"中心""左"或"右"侧边缘作为参照，将相邻两段风管边缘进行水平对正。"水平对正"的效果与画管方向有关，自左向右绘制风管时，选择不同"水平对正"方式的效果如图 3.34 所示。

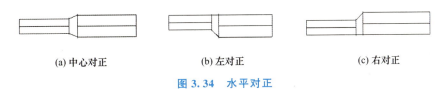

(a) 中心对正　　　　　　　(b) 左对正　　　　　　　(c) 右对正

图 3.34 水平对正

(2)水平偏移：用于指定风管绘制起点位置与实际风管和墙体等参考图元之间的水平偏移距离。"水平偏移"的距离和"水平对正"的设置与风管方向有关。

(3)垂直对正：当前视图下，以风管的"中""底"或"顶"作为参照，将相邻两段风管边缘进行垂直对齐。"垂直对正"的设置决定风管的"偏移量"指定的距离。不同"垂直对正"方式下，偏移量为 2750 mm，效果如图 3.35 所示。

(a) 中心对齐　　　　　　　(b) 底对齐　　　　　　　(c) 顶对齐

图 3.35 垂直对正

步骤二：修改对正方式

风管绘制完成后，可以在任意视图中使用"对正"命令修改风管的对齐方式。选中需要修改的管段，单击"修改|放置 风管"选项卡→"放置工具"面板→"对正"命令，在弹出的"对正编辑器"对话框中选择需要的对齐方式和对正方向，单击"完成"按钮。

步骤三：自动连接

"自动连接"命令（图 3.36）用于某一段风管管路开始或者结束时自动捕捉相交风管，

并添加风管管件完成连接。如绘制两段不在同一高程的正交风管，同样会自动连接风管管件，完成连接（图3.37）。

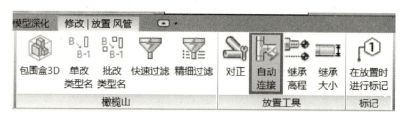

图3.36 "自动连接"命令

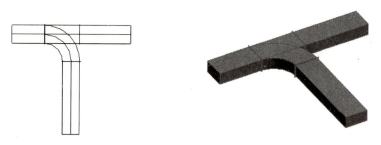

图3.37 自动连接风管管件

如果取消"自动连接"命令，绘制两段不在同一高程的正交风管，则不会生成配件完成自动连接（图3.38）。

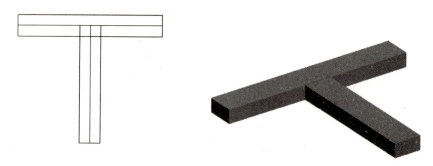

图3.38 未自动连接的风管管件

5. 风管系统模型的绘制

步骤一：添加机械设备

单击"插入"选项卡→"从库中载入"面板→"载入族"命令，在提供的文件中选择"全热交换器XF-1"文件，单击"打开"按钮，将该族载入到项目中。

风管系统模型绘制1

交换器的放置方法是直接放置在CAD底图上，单击"系统"选项卡→"机械"面板→"机械设备"命令（图3.39），在类型选择器中选择"全热交换器XF-1"选项，"偏移量"设置为"3800.0"（图3.40），然后在绘图区域交换器所在位置单击，但是交换器的位置与CAD并不完全匹配，这时可使用"对齐"命令进行调整。

图 3.39 "机械设备"命令

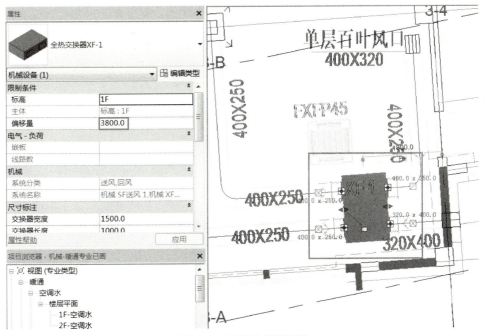

图 3.40 设置交换器属性

步骤二：绘制风管

单击"全热交换器 XF-1"，依次绘制四条风管（图 3.41），单击末端小按钮显示"创建风管"命令。

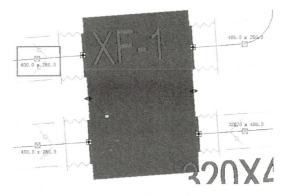

图 3.41 绘制风管

风管系统模型绘制2

先绘制交换器左上角位置的"送风"风管，在属性面板中单击"矩形风管 风管"下拉列表，从中选择"送风"风管，在"系统类型"中选择"SF 送风"选项（图 3.42）。

图 3.42 系统类型

 **特别提示**

可以设置"全热交换器"族，在族中添加风管连接件，并设置好每根风管的尺寸和偏移量，这样可以不用重复设置风管的尺寸和偏移量。

绘制完毕后单击"对齐"命令将风管与 CAD 底图对齐，但是之前设置弯头的弧形半径与底图不符合（图 3.43）。此时可以单击弯头重新调整，单击属性面板中的"编辑类型"按钮，选择弧形较小的弯头，如"矩形弯头-弧形-法兰 1.0W"（图 3.44）。

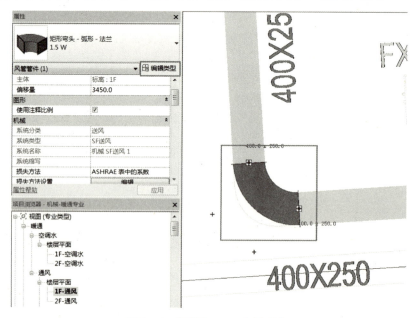

图 3.43 风管与 CAD 底图对齐

项目3　机电BIM模型的创建

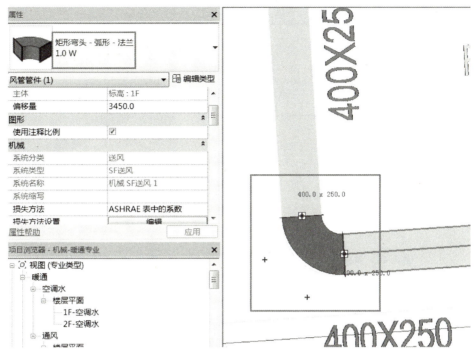

图 3.44　调整弯头

绘制"全热交换器 XF-1"中的新风管，也可以直接单击"系统"选项卡→"HVAC"面板→"风管"命令，在属性面板中选择"新风"选项，根据底图在选项栏中设置风管的宽度为"400.0"，高度为"250.0"，偏移量为"3800.0"，系统类型为"XF 新风"，之后再与交换器上的风管管件相连。

步骤三：添加风道末端

（1）添加散流器。

单击"插入"选项卡→"从库中载入"面板→"载入族"命令，选择"机电\风管附件\风口\散流器—方形"族文件，单击"打开"按钮，将该族载入到项目中。

单击"系统"选项卡→"HVAC"面板→"风道末端"命令（图 3.45），在属性面板类型选择器中选择"散流器—方形 300×300"选项，设置偏移量为"3080.0"（图 3.46），单击绘图区域交换器所在位置，用"对齐"命令将散流器与底图对齐重合。这时添加的散流器会自动与绘制好的风管相连接，生成相应的风管管件（图 3.47）。

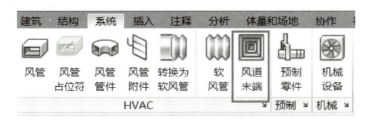

图 3.45　"风道末端"命令

155

图 3.46　偏移量

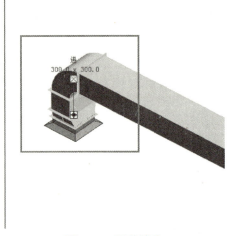

图 3.47　风管管件

(2)添加回风口。

单击"插入"选项卡→"从库中载入"面板→"载入族"命令,选择"机电\风管附件\风口\回风口-矩形-单层-可调"族文件,单击"打开"按钮,将该族载入到项目中。

单击"系统"选项卡→"HVAC"面板→"风道末端"命令,在属性面板的类型选择器中选择"回风口-矩形-单层-可调 400×320"选项,设置偏移量为"3080.0",同时选中"横向格栅"复选框(图 3.48)。

标准的回风口与 CAD 底图的回风口尺寸不一致,可单击属性面板中的"编辑类型"按钮,打开"类型属性"对话框,单击"复制"按钮,定义新的名称为"400×320",分别更改"风管宽度"和"风管高度"的参数为"400.0"和"320.0"(图 3.49),在未放置回风口之前用 Space 键调整回风口的方向,使之与底图重合,添加的回风口会自动和已绘制的风管相连接并自动生成相应的风管管件。

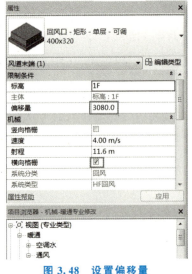

图 3.48　设置偏移量

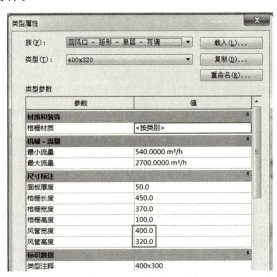

图 3.49　更改风管尺寸

（3）添加防雨百叶风口。

单击"插入"选项卡→"从库中载入"面板→"载入族"按钮，选择"机电\风管附件\风口\百叶窗-矩形-防雨-主体"族文件，单击"打开"按钮，将该族载入到项目中。

这个族需要放置在项目主体上，即放置在风管的某个面上。单击属性面板中的"编辑类型"按钮，打开"类型属性"对话框，单击"复制"按钮，定义新的名称为"400×320"，更改"风管宽度"和"风管高度"的参数为"400.0"和"320.0"。可以将百叶窗在三维视图下放置到风管末端上，当风管末端出现蓝色显示框时，单击放置即可。放置完成后可以在属性面板中调整百叶窗的"立面"为"3800.0"［图 3.50(a)］，在平面视图中用"对齐"命令调整百叶窗与底图重合。防雨百叶风口添加完成之后如图 3.50（b）所示。

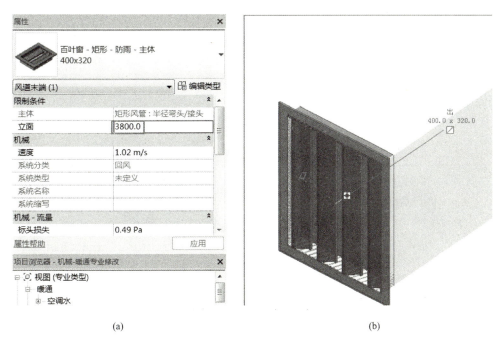

(a)　　　　　　　　　　　　(b)

图 3.50　添加防雨百叶风口

步骤四：风管与风道末端连接

已添加的防雨百叶风口和绘制完成的风管需要进行连接才能构成连通的整体。在三维视图下，选中已经放置的防雨百叶风口，单击"修改|风道末端"选项卡→"布局"面板→"连接到"命令（图 3.51），单击所要连接到的风管，系统将自动连接风口与风管，风口的系统类型会与连接的风管一致，显示的颜色也会随之改变（图 3.52）。

图 3.51　"连接到"命令

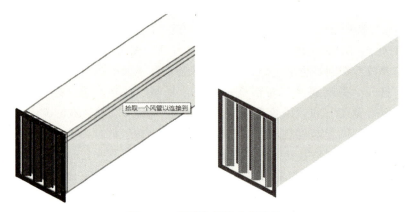

图 3.52　风管与风道末端连接

对于"风管调节阀""风管软接头",可以通过载入相应的族进行参数编辑后,放置在相应位置上,此处不再赘述。2#主题教育馆餐厅房间通风系统绘制完成后如图 3.53 所示。

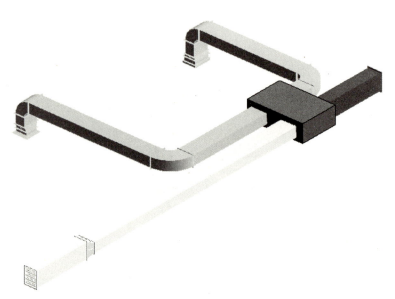

图 3.53　绘制完成的 2#主题教育馆餐厅房间通风系统

步骤五:修改系统名称

将鼠标放置在一段排风管道上,按下 Tab 键后,单击可以选择与该风管首尾相连的相应风管及其管件;双击可以选择与风管相连的所有风管、管件和机械设备;三击后出现虚线框,可以选择与该段风管相连的风管系统(图 3.54),并将其系统名称更改为"餐厅-排风",单击"应用"按钮(图 3.55)。同理可以修改新风风管为"餐厅-新风",送风风管的系统名称为"餐厅-送风",回风风管的系统名称为"餐厅-回风"。

单击"视图"选项卡→"窗口"面板→"用户界面"下拉选项,选中"系统浏览器"复选框,可以查看已经修改的各个系统名称(图 3.56)。

风管系统模型绘制3

项目3 机电BIM模型的创建

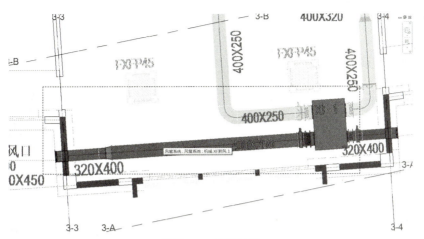

图 3.54 风管系统

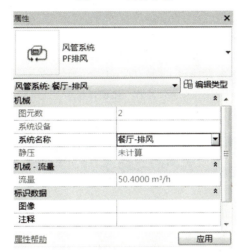

图 3.55 修改系统名称

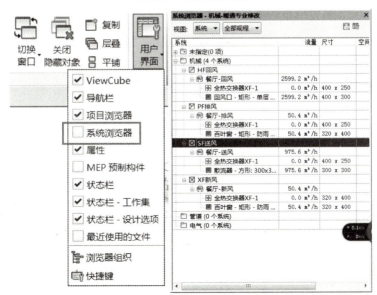

图 3.56 系统浏览器

159

做一做

绘制2#主题教育馆教师办公室通风系统,并且组建办公室通风系统。

巩固与提升

(1) 对照图3.57,梳理自己所掌握的知识体系,并与同学相互交流、研讨个人对某些知识点或技能技巧的理解。

(2) 根据风管的绘制方法,尝试绘制立管。

(3) 载入不同的设备族、管道附件族等,查看不同族的类型属性。

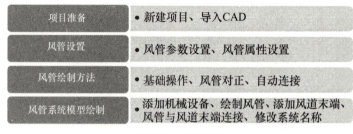

图 3.57 知识体系

任务 3.3 创建给排水模型

任务目标

通过本任务的学习,学生应达到以下目标。

(1) 了解管道类型。
(2) 掌握管道参数设置方法,管道过滤器设置。
(3) 熟练运用管道过滤器。
(4) 掌握给排水系统绘制的方法。
(5) 掌握消火栓系统的方法。
(6) 掌握自动喷淋系统的绘制方法。

任务内容

熟练掌握管道的类型,管道数值的设置方法,给排水管道绘制的方法。能够熟练地绘制给排水系统、消火栓系统和自动喷淋系统。要求图样绘制正确、符合制图标准,布局合理、线型分明。

项目3　机电BIM模型的创建

> **实施条件**

（1）Revit 软件。
（2）AutoCAD 软件。
（3）2#主题教育馆楼给排水 CAD 施工图。

3.3.1　绘制给排水系统

设置给排水管道

1. 设置给排水管道

步骤一：管道类型设置

管道类型按排布方式可分为水平管道、立管、支管等，按用途可分为给水管、污水管、雨水管、消防水管等。

单击"系统"选项卡→"卫浴和管道"面板→"管道"命令，在属性面板中单击"编辑类型"按钮。在弹出的"类型属性"对话框中，单击"复制"按钮对管道类型进行设置创建，名称设置为"给水系统"（图 3.58）。

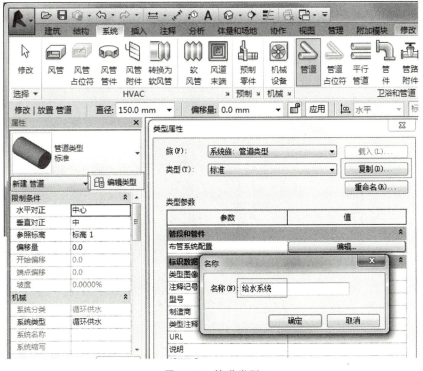

图 3.58　管道类型

通过在"管件"列表中配置各类型管件族，可以指定绘制管道时自动添加到管路中的管件，如弯头、T 型三通、接头、四通、过渡件、活接头、法兰等。如果"管件"不能在列表中选取，则需要手动添加到管道系统中，如 Y 型三通、斜四通等。

161

步骤二：管道尺寸设置

若固定值中没有所需尺寸，则要手动添加尺寸。

单击"管理"选项卡→"设置"面板→"MEP 设置"下拉选项→"机械设置"命令（图 3.59），添加或删除管道尺寸。

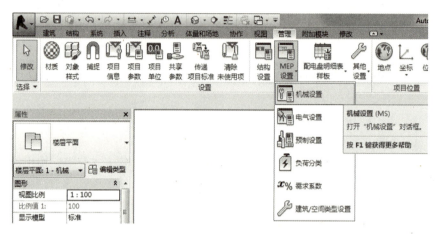

图 3.59　机械设置

在弹出的"机械设置"对话框中选择"管道设置"节点→"管段和尺寸"选项，右侧面板中会显示在当前项目中使用的管道尺寸列表。在 Revit 软件中，管道尺寸可以通过"管段"进行设置，"属性"编辑框中的"粗糙度"用于管道的水力计算（图 3.60）。

单击"新建尺寸"或"删除尺寸"可以添加或删除管道的尺寸。新建管道的公称直径和现有管道的公称直径不允许重复。如果在绘图区域已绘制了某尺寸的管道，该尺寸在"机械设置"尺寸列表中将不能被删除。

图 3.60　管段和尺寸

做一做

（1）创建2#主题教育馆1层给水系统。
（2）创建2#主题教育馆1层排水系统。

步骤三：管道过滤器设置

为了区分不同的管道，可以在样板文件中设置不同的颜色，使不同管道在项目中显示不同的颜色。进入楼层平面，直接输入快捷键V+V，进入"楼层平面：1-机械的可见性/图形替换"对话框，打开"过滤器"选项卡（图3.61）。

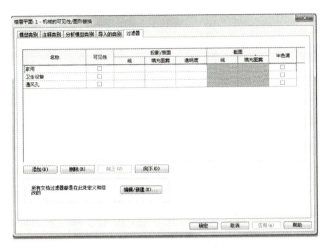

图3.61 "过滤器"选择卡

单击"添加"按钮，在弹出的"添加过滤器"对话框中单击"编辑/新建"按钮，打开"过滤器"对话框，单击"新建"按钮，在弹出的"过滤器名称"对话框中输入"给水系统"，单击"确定"按钮（图3.62）。

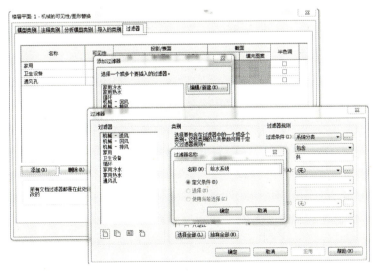

图3.62 过滤器名称

在"类别"选项框中分别选中"管件""管道""管道占位符"复选框，在"过滤器规则"选项框中的"过滤条件"下拉选项中，分别选择"类型名称""等于""给水系统"选项，单击"确定"按钮（图3.63）。其他类型管道使用相同方法一一创建。

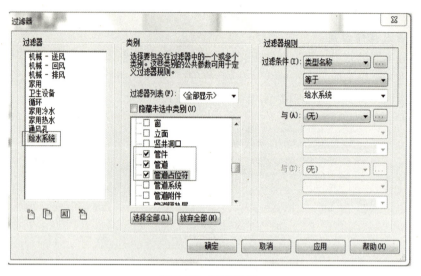

图 3.63　过滤条件

如图3.64所示，过滤器中增加了"给水系统"，选中"可见性"复选框，分别替换"线"和"填充图案"的颜色与填充图案，设置完成后给水系统管道即被着色。

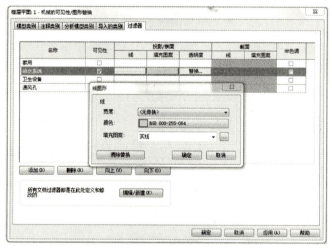

图 3.64　添加给水系统管道颜色

做一做

设置给水系统、排水系统过滤器。

步骤四：设置绘制管道环境

在步骤一、步骤二中完成管道类型的设置后，便可在项目中进行管道绘制。在Revit中一般会根据管道的功能和系统选择适当的管道类型分别进行横管和立管的绘制。

打开卫浴 1F 平面视图，由于将要绘制的管线位于当前标高之下，为确保该管线正确显示在视图中，需要修改视图范围。在属性面板中单击"视图范围"后的"编辑"按钮，弹出"视图范围"对话框，修改主要范围选项框中的"底"及"视图深度"的偏移量均为"-1500.0"，完成后单击"确定"按钮（图 3.65）。

图 3.65 视图范围

单击"系统"选项卡→"卫浴和管道"面板→"管道"命令，进入管道绘制模式。在属性面板类型选择器中，设置当前管道类型为"给水系统"，确认激活"修改|放置 管道"选项卡→"放置工具"面板→"自动连接"命令（图 3.66）；激活"放置工具"面板中的"继承高度"命令，以方便立管与横管绘制；激活"带坡度管道"面板→"禁用坡度"命令，即绘制不带坡度的管道图元。

图 3.66 "自动连接"命令

由于当前视图详细程度为中等，Revit 将以单线的方式显示管线。单击"视图"选项卡→"图形"面板→"细线"命令（图 3.67），以修改视图详细程度，则显示真实管线。

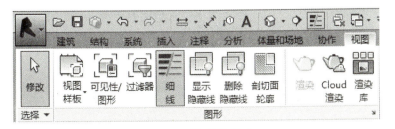

图 3.67 "细线"命令

步骤五：绘制引入管

设置管道 DN50，偏移量为 −800 mm，沿 CAD 图纸管道位置和方向绘制水平引入管（图 3.68），完成后按 Esc 键两次，退出管线绘制模式。

给水管道绘制

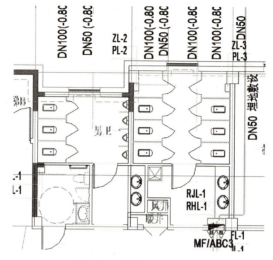

图 3.68 绘制水平引入管

步骤六：绘制垂直立管

绘制完成水平引入管后，可以继续绘制垂直立管。通常是在绘制横管时，通过更改横管的标高，则 Revit 会自动生成立管。

单击"系统"选项卡→"卫浴和管道"面板→"管道"命令，进入管道绘制模式。在属性面板类型选择器中，设置当前管道类型为"给水系统"。设置 DN50 立管的偏移量为"−800.0"，单击 Enter 键即可完成立管绘制（图 3.69）。

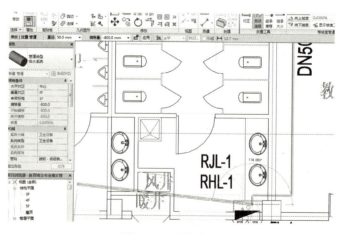

图 3.69 立管绘制

设置管道 DN25，偏移量为 300 mm，根据 2#主题教育馆卫生间 CAD 施工图进行支管绘制（图 3.70）。

在绘制三通连接管道时，单击加号即可生成三通弯头（图 3.71、图 3.72）。

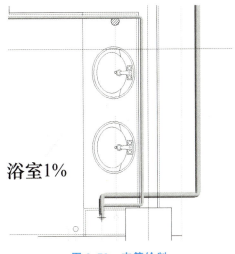

图 3.70 支管绘制

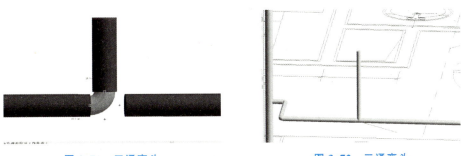

图 3.71 三通弯头　　　　　　　图 3.72 三通弯头

其他类型管道绘制与上述步骤相同。但在排水系统中，污水的流动是靠重力提供动力的，因此排水横管在绘制前需要进行坡度值设置（图 3.73）。

图 3.73 坡度值设置

做一做

（1）绘制出 2# 主题教育馆 1 层的给水管道。
（2）绘制出 2# 主题教育馆 1 层的排水管道。

2. 设置卫浴装置

绘制之前，打开准备好的样板文件，打开 1F 平面视图，载入某主题教育馆 1F 给排水 CAD 平面图（图 3.74）。

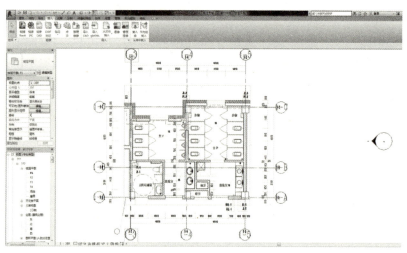

图 3.74　载入 CAD

步骤一：载入卫浴装置

Revit 软件自带大部分常用系统族，单击"插入"选项卡→"从库中载入"面板→"载入族"命令，即可从库中载入族。若少许特殊族无法从库中获取，则需自制族载入项目组。本任务使用的族类型均从机电文件夹中获取。

单击"插入"选项卡→"从库中载入"面板→"载入族"命令，选择"机电\卫生器具\洗脸盆-椭圆形"族文件，单击"打开"按钮，将该族载入到项目中（图 3.75）。

图 3.75　载入族

想一想

若卫浴装置尺寸与图纸不符，该如何修改？

做一做

载入其他卫浴装置。

步骤二：系统材质添加

载入卫浴装置后，还需对卫浴装置的材质进行编辑。使用何种材质以图纸标明为准，若图纸未标注则以国家规范图集要求为准。

选中需要更改材质的卫浴装置，单击属性面板类型选择器中的"洗脸盆-椭圆形"选项，单击"编辑类型"按钮，在弹出的"编辑类型"对话框中单击"材质和装饰"后的"编辑"按钮，进入"材质浏览器"对话框。单击左下角的"创建或复制材质"按钮，对"标识"和"图形"选项卡（图 3.76）依次进行编辑。

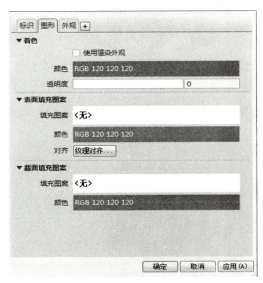

图 3.76 "图形"选项卡

> **做一做**
>
> 修改其他卫浴装置的材质。

步骤三：放置卫浴装置

单击"系统"选项卡→"卫浴和管道"面板→"卫浴装置"按钮，在类型选择器中选择"洗脸盆-椭圆形"选项，在绘图区域交换器所在位置单击，偏移量设置为"1300.0"，依附于墙放置（图 3.77）。若是洗脸盆的位置与 CAD 底图并不完全匹配，可使用"对齐"命令进行调整。若是反向，则使用 Space 键进行镜像翻转。

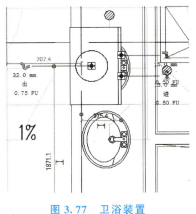

图 3.77 卫浴装置

放置卫浴装置

想一想

壁挂式洗脸盆需依附于墙才能放置,若没有墙该如何放置?

做一做

放置其他卫浴装置。

步骤四:连接到管道

在系统自带的卫浴装置中,一般会预留好与给水管和排水管之间的连接点。其中 、 、 分别是卫浴装置与排水管、冷水给水管、热水给水管的自带连接标识(图 3.78)。当管道上出现 标志时,单击此标志,系统将默认生成管道,将其连接到已设好的给排水管道末端(图 3.79)。

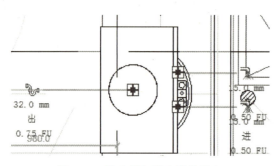
图 3.78 给水管与排水管连接点

图 3.79 自动生成管道

特别提示

若是卫浴装置放置不正确,与管道末端对不齐,则生成管道会默认成斜管。生成后可再将默认管道替换为设置好的给排水管。

想一想

在三维视图中是否能够连接管道?为什么?

做一做

重复以上步骤,放置完成其他卫浴装置。

阵列同类型卫浴装置

步骤五:阵列同类型卫浴装置

数目较少的卫浴装置可以使用"复制"命令放置,而数量较多的同类型卫浴装置使用阵列放置,本任务中以蹲便器图元为例。

选择放置好的蹲便器图元,单击"修改|卫浴装置"选项卡→"修改"面板→"阵列"命令,设置选项栏阵列的方式为"线性",不选中"成组并关联"

复选框,设置阵列数为"3",阵列生成方式为移动到"第二个",选中"约束"复选框。

拾取蹲便器图元上任一点作阵列基点,沿垂直方向向上移动鼠标,输入"900"作为阵列间距,系统将以 900 mm 为间距生成其他蹲便器(图 3.80)。

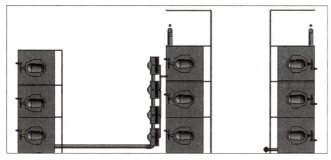

图 3.80 阵列放置

做一做

完成其他卫浴装置的阵列操作。

3. 添加给排水管道附件

绘制之前,打开准备好的样板文件,打开 1F 楼层平面,载入某主题教育馆 1F 给排水平面 CAD 图。

步骤一:载入给排水管道附件

单击"插入"选项卡→"从库中载入"→"载入族"命令,在"载入族"对话框中选择"机电\阀门\球阀-Q11F 型-螺纹"族文件,单击"打开"按钮,将该族载入到项目中。同样,在"机电\给排水附件"文件夹中,载入其他管路附件。

添加给排水管道附件

步骤二:放置给排水管道附件

放置前,先按图纸要求对卫浴装置进行编辑,并添加材质,此处不再赘述。

单击"系统"选项卡→"卫浴和管道"面板→"管路附件"命令,在属性面板类型选择器中选择"球阀-Q11F 型-螺纹"选项,移动光标至绘图区域此阀门要安装到管路上的位置,偏移量设置为与要安装的管道中心线平齐,则系统会自动捕捉管道中心线,并旋转阀门方向,使之与管线平行,单击以放置球阀图元(图 3.81)。以同样的方法完成其他阀门的放置。

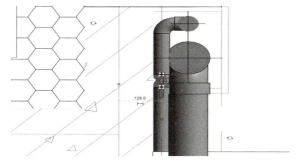

图 3.81 放置球阀

布置消火栓箱

单击"系统"选项卡→"卫浴和管道"面板→"管路附件"命令,在属性面板类型选择器中选择"地漏-带水封"选项,单击"修改|放置 管道附件"选项卡→"放置"面板→"放置在面上"命令(图3.82)。

在CAD底图上对应位置单击以放置地漏图元(图3.83),该地漏图元将放置在楼板表面位置。单击"系统"选项卡→"HVAC"面板→"管道"命令,在属性面板类型选择器中选择"排水系统"选项,修改选项栏管道直径,单击"修改|放置 管道"选项卡→"放置工具"面板→"继承高程"命令,捕捉地漏中心连接件位置作为管道起点,移动光标直至捕捉到水平排水管端点位置,单击以完成管道绘制。以同样的方法完成其他管路附件的放置。

图3.82 "修改|放置 管道附件"选项卡

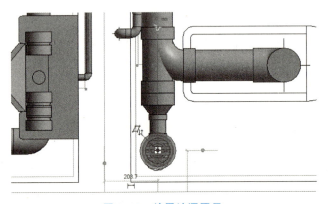

图3.83 放置地漏图元

想一想

给水管附件与排水管附件放置有何异同?

做一做

放置给水管与排水管其他附件。

3.3.2 绘制消火栓系统

步骤一:布置消火栓箱

切换到"1F"平面视图,单击"系统"选项卡→"机械"面板→"机械设备"命令,进入"修改|放置 机械设备"选项卡中(图3.84)。

在属性面板类型选择器中选择"室内消火栓柜-单栓-背面进水不带卷盘"选项

项目3　机电BIM模型的创建

图 3.84　"修改|放置 机械设备"选项卡

（图 3.85）。将鼠标移动到绘图区域，沿墙移动消火栓箱，在图纸相应位置单击放置消火栓箱（图 3.86）。用同样方法在 1F 其他位置布置消火栓箱。

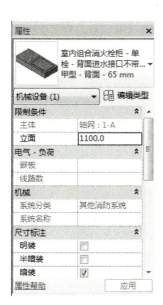

图 3.85　属性

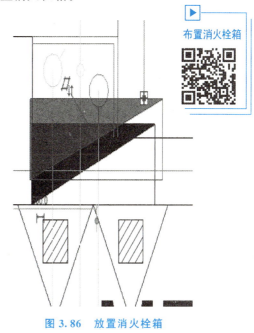

图 3.86　放置消火栓箱

布置消火栓箱

做一做

布置 2#主题教育馆中所有楼层的消火栓箱。

步骤二：布置消防水平管道

单击属性面板中的"编辑类型"按钮，在弹出的"类型属性"对话框中，单击"复制"按钮，输入名称为"消防栓给水"（图 3.87）。

在管道"类型属性"对话框中，单击"管段和管件"列表下"布置系统配置"参数后的"编辑"按钮，在弹出的"布管系统配置"对话框中，可以定义消防给水管道的材质、大小及在管道绘制过程中自动生成的管道配件（图 3.88），之后即可根据图纸绘制管道（图 3.89）。

消防管道的创建及与消火栓的连接

做一做

布置 2#主题教育馆中的消防水平管道。

173

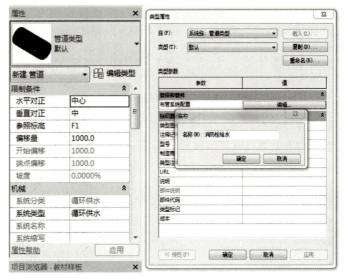

图 3.87　管道类型属性

图 3.88　布管系统配置

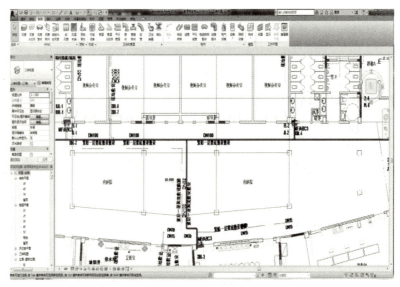

图 3.89　绘制管道

步骤三：布置消防立管

单击在立管口处的水平管道，右击管道口处 标志，选择"绘制"命令，设置偏移量为"1100.0"，直径为"100.0"。向右绘出一段距离，从而自动生成了一段消防立管（图3.90），形成的消防管道系统如图3.91所示。

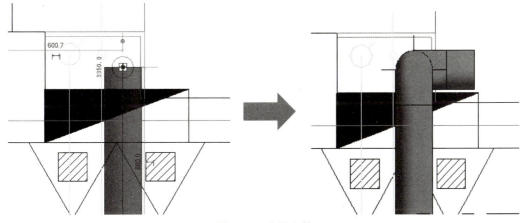

图3.90 消防立管

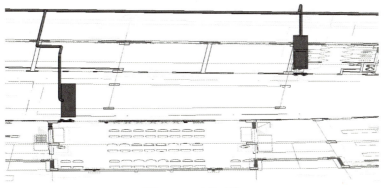

图3.91 形成系统

布置2#主题教育馆中的消防立管。

步骤四：连接消火栓到管网

创建完成主干消防管道后，需进一步连接消火栓至管网。切换至"1F"卫浴楼层平面视图，把多余绘制的横支管删掉（图3.92）。在绘图区域选择消火栓，其下端接口处将显示管道连接标记，单击连接标记绘制管道，将终点拖到立管中心处，消火栓则自动连接到管网中（图3.93）。

特别提示

XHL-4处消火栓与消防管道连接时，立管需要往外移动一点距离。

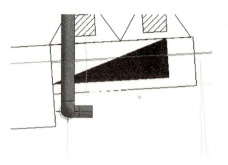

图 3.92　删掉多余横支管

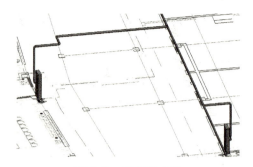

图 3.93　连接消火栓

做一做

连接 2# 主题教育馆中的消火栓箱到管网中。

步骤五：消防系统检查

在 Revit 中，管道与设备必须正确相连，才能使系统正常运行。检查管道系统功能用于检查系统是否完整。

单击"分析"选项卡，在"检查系统"面板（图 3.94）中与管道系统检查相关的工具有"检查管道系统"和"显示隔离开关"两个工具。

单击"检查管道系统"工具，检查当前项目中所有的管道系统连接是否正确。当存在没有连接好的管道系统时，系统会弹出警告信息。若均已与管道正确连接，启用该选项时系统不会特别提示没有定义的系统选项。

图 3.94　"检查系统"面板

单击"显示隔离开关"工具，会弹出"显示断开连接选项"对话框（图 3.95）。选中"管道"复选框，即显示所有管道中开放的端点位置，单击"确定"按钮退出该对话框，在视图中将显示没有连接至设备的开放的管道端点，并在该端点位置显示隔离开关符号（图 3.96）。

图 3.95　显示断开连接选项

图 3.96　隔离开关符号

单击隔离开关符号后,将弹出"警告"对话框(图3.97),特别提示显示该符号的原因,需对该位置进行修改。

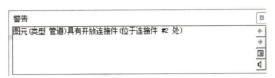

图 3.97 "警告"对话框

至此完成系统检查工作。利用"检查管道系统"和"显示隔离开关"命令,可以对所定义的系统的完整性进行检查,防止出现管线连接的遗漏。

3.3.3 绘制自动喷淋系统

自动喷淋系统是一种消防灭火装置,是应用十分广泛的一种固定消防设施,它具有价格低廉、灭火效率高等特点。安装报警装置后,可以在发生火灾时自动发出警报,并控制消防喷淋系统自动喷水,与其他消防设施同步联动工作,因此能有效控制、扑灭初期火灾。

步骤一:布置喷淋管道

导入一层自喷CAD平面图,与轴网对正。单击"系统"选项卡→"卫浴和管道"面板→"管道"命令,在属性面板中单击"编辑类型"按钮,在弹出的"类型属性"对话框中,单击"复制"按钮,输入名称"自动喷淋"(图3.98),单击"确定"按钮后绘制喷淋管道(图3.99)。

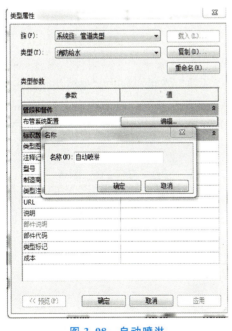

图 3.98 自动喷淋

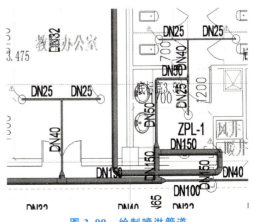

图 3.99 绘制喷淋管道

> **做一做**
>
> 绘制2#主题教育馆一层自喷平面图水平管道。

布置喷淋与管道连接

步骤二：布置喷淋与管道连接

切换至"1F"平面视图。单击"插入"选项卡→"从库中载入"面板→"载入族"命令，在"载入族"窗口中选择"消防\给水和灭火\喷头\喷头-ESFR型-闭式-下垂型"族文件，单击"打开"按钮，将喷头放入图纸中喷头位置（图3.100）。

选中图纸中的喷头，单击"修改|喷头"选项卡→"布局"面板→"连接到"命令，选中喷头上方的水平管道，则喷头自动连接到水平管道上（图3.101）。

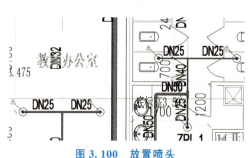

图3.100　放置喷头　　　　　　　　图3.101　喷头与水平管道连接

> **做一做**
>
> 绘制2#主题教育馆一层自喷平面图中喷头与管道连接。

管路附件连接

步骤三：管路附件连接

单击"系统"选项卡→"卫浴和管道"面板→"管路附件"命令，在属性面板类型选择器中选择"HY_水流指示器"选项，单击"编辑类型"按钮，在弹出的"类型属性"对话框中单击"复制"按钮，输入名称为"40 mm"，单击"确定"按钮（图3.102）。修改下方尺寸标注中的公称直径为"40 mm"，单击"确定"按钮（图3.103）。

图3.102　编辑类型　　　　　　　　图3.103　修改直径

把水流指示器放置到相应的位置即可，系统会自动连接管道与水流指示器（图3.104），其他管道附件放置方法与水流指示器相同，完成后保存该项目文件。

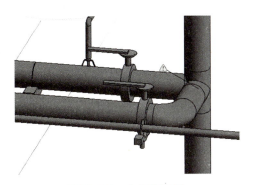

图3.104 水流指示器

做一做

绘制完成2#主题教育馆一层自喷淋系统。

巩固与提升

（1）对照图3.105，梳理自己所掌握的知识体系，并与同学相互交流、研讨个人对某些知识点或技能技巧的理解。

图3.105 知识体系

（2）绘制完成2#主题教育馆给排水系统。
（3）绘制完成2#主题教育馆消火栓系统。
（4）绘制完成2#主题教育馆自动喷淋系统。

任务3.4 创建电气模型

本任务介绍如何使用Revit软件进行电缆桥架布置，强电系统及弱电系统的绘制。

任务目标

通过本任务的学习，学生应达到以下目标。

(1) 掌握强电系统的绘制方法。
(2) 掌握弱电系统的绘制方法。

任务内容

试对 2#主题教育馆一层电气系统翻模，模型内容包括强电的桥架、线管、电气设备和灯具开关等。

实施条件

(1) Revit 软件。
(2) AutoCAD 软件。
(3) 2#主题教育馆电气 CAD 施工图。

3.4.1 绘制强电系统

1. 绘制电缆桥架

步骤一：新建项目文件

单击"应用程序"→"新建"→"项目"按钮，打开"新建项目"对话框，单击"浏览"按钮，选择"样板 2016 机械.rte"项目样板文件，单击"确定"按钮（图 3.106）。

图 3.106　新建项目

步骤二：导入 CAD

单击"插入"选项卡→"导入"面板→"导入 CAD"命令，或者"插入"选项卡→"链接"面板→"链接 CAD"命令，打开"导入 CAD 格式"或"链接 CAD 格式"对话框，选择"一层插座平面图"文件，选中"仅当前视图"复选框，导入单位为"毫米"，定位为"自动-原点到原点"，放置于"F1"，单击"确定"按钮（图 3.107）。

导入 CAD 文件后，若 CAD 图与轴网不重合，则使用"对齐"命令，先选择轴网的轴线，再选择 CAD 图中对应的轴线，则 CAD 图与轴网重合（图 3.108）。

步骤三：新建电缆桥架类型

电缆桥架是电气专业的重要组成部分，在施工阶段十分重要。在平面视图、立面视

项目3　机电BIM模型的创建

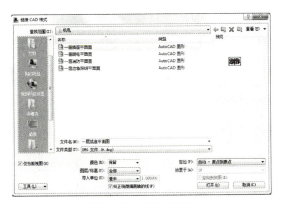

图 3.107　导入 CAD

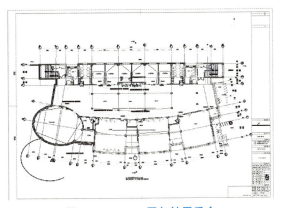

图 3.108　CAD 图与轴网重合

图、剖面视图和三维视图中均可绘制电缆桥架。在 Revit 中，电气专业与其他机电专业不同，没有系统类型的设置，需要通过设置电缆桥架的类别名称来区别各功能的电缆桥架。

单击"系统"选项卡→"电气"面板→"电缆桥架"命令，在属性面板类型选择器中选择"槽式电缆桥架"选项，单击"编辑类型"按钮，在弹出的"类型属性"对话框中单击"复制"按钮，输入名称为"槽式电缆桥架－强电"，如图 3.109 所示。

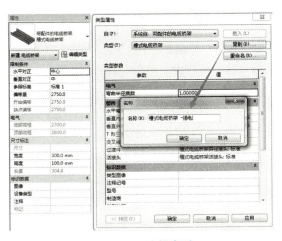

图 3.109　编辑类型

181

在"项目浏览器"的"族"目录中，找到"电缆桥架配件"节点，将其中有关于槽式电缆桥架的配件节点下的"标准"项，依次右击复制并重命名为"强电"（图3.110）。

设置好后，再返回到"槽式电缆桥架-强电"的"类型属性"对话框中（图3.111），"管件"选项框的各参数下拉栏中都会出现"强电"选项，依次将原来的"标准"替换为"强电"，即完成强电电缆桥架类型的新建。

图3.110　电缆桥架配件

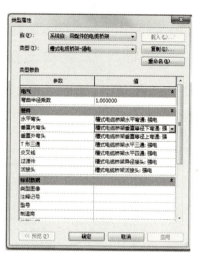

图3.111　"类型参数"对话框

步骤四：过滤器设置

为电气专业的各管线设置过滤器，通过颜色予以区分各类型的管线。电气专业和其他机电专业的区别只能通过过滤器修改颜色。

单击"视图"选项卡→"图形"面板→"可见性/图形"命令，在弹出的"楼层平面：F1的可见性/图形替换"对话框中，单击"过滤器"选项卡→"添加"按钮，在弹出的"添加过滤器"对话框中，单击"编辑/新建"按钮，弹出"过滤器"对话框（图3.112），设置过滤条件，单击"确定"按钮。

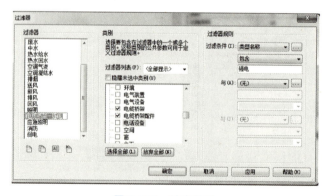

图3.112　过滤条件

在"楼层平面：F1的可见性/图形替换"对话框的"过滤器"选项卡中（图3.113），设置该过滤器的视图颜色。如果要在其他视图中应用过滤器，可参考"视图样板"功能，将过滤器传递到其他视图。

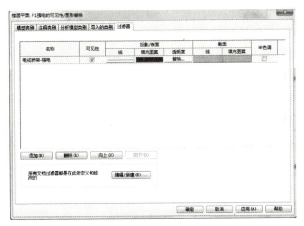

图 3.113　设置过滤器的视图颜色

步骤五：创建电缆桥架

本步骤以绘制一层插座平面Ⓖ轴处走廊的电缆桥架为例。

进入"F1"平面视图，单击"系统"选项卡→"电气"面板→"电缆桥架"命令，在属性面板类型选择器中选择"槽式电缆桥架-强电"选项，在"尺寸标注"栏中设置宽度为"150.0 mm"，高度为"75.0 mm"，在"限制条件"栏中设置偏移量为"3600.0"（图 3.114）。

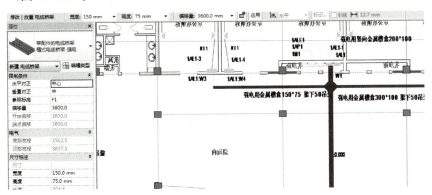

图 3.114　创建电缆桥架

在绘制区，根据CAD底图单击绘制电缆桥架，由于"垂直对正"设置为"中"，此处的标高偏移量要相对于电缆桥架中心设置。

 **特别提示**

每次桥架绘制都会延续采用上次绘制时属性栏和选项栏的设置值，所以在每次绘制前要检查并修改相应的参数值，再进行建模。

绘制垂直电缆桥架时，在选项栏上改变将要绘制的下一段水平桥架的"偏移量"，就能自动连接出一段垂直桥架。

修改"视图"选项卡中的详细程度为"精细"，"模型图形样式"为"线框"。单击

"修改"选项卡→"编辑"面板→"对齐"命令,使电缆桥架的中心线与 CAD 图纸中电缆桥架的中心线对齐。

选择要升级的弯头,单击该管件旁的加号(+),将电缆桥架的弯头更改为 T 型三通。若要将 T 型三通改回弯头,可单击该管件旁的减号(-)。

添加电缆桥架标记时,单击"注释"选项卡→"标记"面板→"按类别标记"命令,并取消选中选项栏里的"引线"复选框,在绘图区单击需要标注的电缆桥架(图 3.115)。

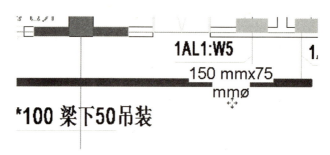

图 3.115　按类别标记

目前视图中添加的电缆桥架标记为默认样式,若要修改标记,可选中该标记,单击"编辑族"命令,在弹出的"族编辑"对话框中,单击其属性栏的"编辑标签"按钮,如图 3.116 所示,设置"编辑标签"对话框中的标签参数,单击"确定"按钮。修改后的标记如图 3.117 所示。

图 3.116　编辑标签

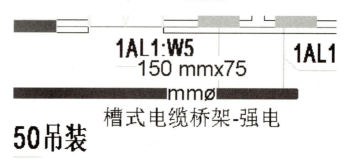

图 3.117　修改后的标记

完成后的一层电缆桥架模型的三维视图,如图 3.118 所示。

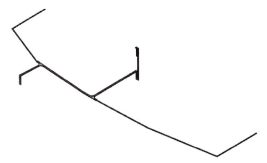

图 3.118　完成后的一层电缆桥架模型的三维视图

2. 绘制线管

线管的绘制与电缆桥架基本相似,与电缆桥架一样,Revit 也提供了两种线管管路形式:无配件的线管和带配件的线管(图 3.119)。项目样板文件中"Systems-Default_CHSCHS.rte"和"Electrical-Default_CHSCHS.rte"为这两种线管族分别默认配置了 5 种线管类型:电气金属导管(EMT)、薄金属导管(IMC)和厚金属导管(RMC)、刚性非金属线管(RNC Schedule40)、刚性非金属线管(RNC Schedule80),同时,还可以自行添加定义线管类型。

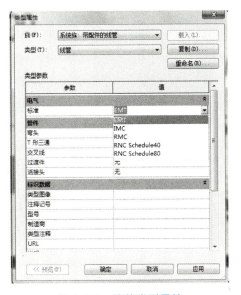

绘制线管

图 3.119　线管类型属性

步骤一:添加或编辑线管类型

单击"系统"选项卡→"电气"面板→"线管"命令,在属性面板中单击"编辑类型"按钮,在弹出的"类型属性"对话框中对"管件"需要的各种配件的族进行载入。

步骤二:设置标准和管件

通过选择标准决定线管所采用的尺寸列表,单击"管理"选项卡→"设置"面板→"MEP 设置"下拉列表→"电气设置"命令,在弹出的"电气设置"对话框中选择"线管设置"节点→"尺寸"选项中的"标准"参数为参照。

> 特别提示
>
> 管件配置参数用于指定与线管类型配套的管件。通过这些参数可以配置在线管绘制过程中自动生成的线管配件。

步骤三：线管设置

在"电气设置"对话框中定义"电缆桥架设置"。单击"管理"选项卡→"设置"面板→"MEP 设置"下拉列表→"电气设置"命令，在弹出的"电气设置"对话框中展开"线管设置"节点（图 3.120）。线管的基本设置和电缆桥架基本相似，这里不再赘述。但线管的尺寸设置略有不同，在后面步骤将着重介绍。

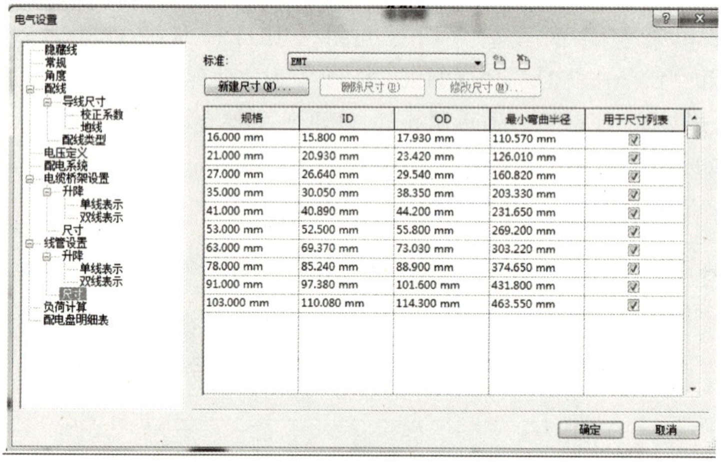

图 3.120　线管设置

注：①ID 表示线管的内径；②OD 表示线管的外径；③最小弯曲半径是指弯曲线管时所允许的最小弯曲半径（Revit 中弯曲半径所指的是圆心到线管中心的距离）。

步骤四：编辑尺寸

在"电器设置"对话框的"标准"下拉列表中，可以选择要编辑的标准。单击"新建尺寸"或"删除尺寸"按钮可创建或删除当前尺寸列表。本项目中需新建公称直径是 32 mm 的镀锌钢管管材，查表得出如图 3.121 所示数据。

图 3.121　添加线管尺寸

步骤五：绘制线管

单击"系统"选项卡→"电气"面板→"线管"命令，选择绘制区已布置构件族的电缆桥架连接件，右击，在弹出的快捷菜单中选择"绘制线管"选项，或使用快捷键 C+N。单击"自动连接"命令，从电缆桥架绘制水平线管，再绘制垂直线管，标高为 1800 mm。绘制线管的具体步骤与电缆桥架、风管、管道均类似，此处不再赘述。

步骤六：用"表面连接"命令绘制线管

"表面连接"命令是针对线管创建的一个全新功能，通过在族的模型表面添加表面连接件，在项目中实现从该表面的任意位置绘制一根或多根线管。以一个配电箱为例（可以从本书的自带文件中载入），在其上表面添加线管表面连接件。

右击某一表面连接件（图 3.122），在弹出的快捷菜单中选择"从面绘制线管"选项，进入编辑界面。绘制完成后可以随意修改线管在这个面上的位置，单击"完成连接"按钮，即可从这个面的某一位置引出线管（图 3.123）。使用同样的方法可以从其他面引出多路线管。类似地，还可以在楼层平面中，选择立面方向的"线管表面连接件"选项来绘制线管。

图 3.122　线管表面连接件

图 3.123　从面绘制线管

特别提示

可以通过视图控制栏设置 3 种详细程度：粗略、中等和精细。线管在粗略和中等视图下默认为单线显示，在精细视图下为双线显示，即线管的实际模型。在创建线管配件等相关族时，应注意配合线管显示特征，确保线管管路显示协调一致。

水平线管功能是根据已有线管，绘制出与其平行或垂直的线管，通过"水平数""水平偏移""垂直数""垂直偏移"等参数来绘制（图 3.124）。

图 3.124　平行线管

3. 电气设备布置

步骤一：配电箱的放置

在 Revit 中，配电箱、配电柜、弱电综合箱、综合布线配线架等电气设备都属于可载入族，可用"电气设备"命令进行放置。若默认的项目样板中没有需要的电气设备族，则可以从外部族库中载入，或是利用族样板新建族构件。下面以放置"事故照明配电箱"和"照明配电箱"为例来讲解。

电气设备布置

单击"插入"选项卡→"从库中载入"面板→"载入族"命令，在"载入族"对话框中选择"机电\供配电\配电设备\箱柜\照明配电箱-暗装"族文件和"机电\供配电\配电设备\箱柜\应急照明箱"族文件。单击"打开"按钮，弹出"指定类型"对话框，可将选择的类型载入到项目文件中。

单击"系统"选项卡→"电气"面板→"电气设备"命令，在属性面板类型选择器中"应急照明箱"族和"照明配电箱-暗装"族（图 3.125）。确认族类型属性中的参数设置是否正确，如配电箱厚度超出了墙体厚度，可将其"深度"参数调整到适合数值。设备可基于"面"或"工作平面"放置，放置好的设备，可修改立面的偏移值以改变位置信息，也可在属性栏对配电器的命名进行编辑。

图 3.125 "照明配电箱-暗装"族

步骤二：线管与配电箱的连接

配电箱的连接件为"表面连接件"，绘制好线管后进入三维视图。在三维视图中单击要与配电箱连接的线管，对拖动点右击，在弹出的快捷菜单中选择"绘制线管"命令，修改偏移量为"1800.0"，单击"应用"按钮。拖动线管底端至配电箱，在配电箱顶部出现高亮显示时，松开鼠标，单击"完成连接"即完成线管与配电箱的连接。

步骤三：插座的放置

单击"系统"选项卡→"电气"面板→"设备"下拉选项→"电气装置"命令，在属性面板类型选择器中选择"带保护接点的插座-暗装"选项。

放置时，单击"修改|放置 装置"选项卡→"放置"面板→"放置在垂直面上"命令。在属性面板中设置立面为"300.0"，单击附着的墙体即放置完成（图 3.126）。

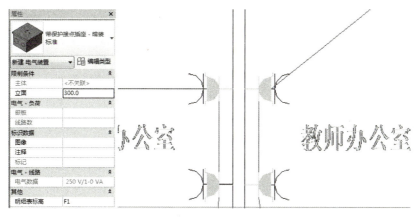

图 3.126　放置插座

步骤四：线管与插座的连接

单击"系统"选项卡→"电气"面板→"设备"下拉选项→"电气装置"命令，在属性面板类型选择器中选择"刚性阻燃管_PC20"，单击"编辑类型"按钮，在弹出的"类型属性"对话框中单击"复制"按钮，输入名称为"刚性阻燃管_PC25"，单击"确定"按钮，完成线管的创建（图 3.127）。

图 3.127　创建线管

单击"系统"选项卡→"电气"面板→"线管"命令，在类型选择器下拉列表中选择"刚性阻燃管-PC25"，修改限制条件标高为"1F"，偏移量为"3400.0"，按照CAD中线的位置绘制线管，并与插座连接（图 3.128）。

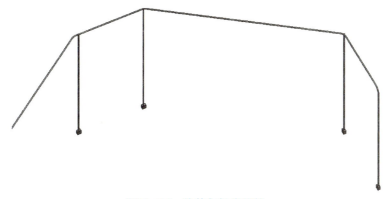

图 3.128　线管与插座连接

4. 布置灯具与开关

布置灯具与照明

Revit 中提供了专门的"照明设备"和"设备"命令用于放置灯具和开关。灯具和开关都是可载入族，若默认的项目样板中没有需要的灯具和开关族，可以从外部族库中载入，或是利用族样板新建族构件。

步骤一：灯的放置

以放置在一层的 T5 型的双管电子整流器的荧光灯为例，由于该灯具位于楼层顶部，一种方法是直接到天花板平面图上放置，另一种方法是放置在工作平面上然后设置偏移量。将"一层照明平面.dwg"的 CAD 图纸导入作为参照底图。

单击"插入"选项卡→"从库中载入"面板→"载入族"命令，在"载入族"对话框中选择"机电\照明\室内灯\导轨和支架式灯具\双管吸顶式灯具-T5"族文件，载入到项目中（图 3.129）。

图 3.129 载入族

进入照明的一层天花板视图，单击"系统"选项卡→"电气"面板→"照明设备"命令，在属性面板类型选择器中选择"双管吸顶式灯具-T5"族，单击"编辑类型"按钮，在弹出的"类型属性"对话框中复制新建一个项目中需要的办公室双管荧光灯，默认高程为 3000 mm，初始亮度为"72.00W"（图 3.130）。单击"修改|放置设备"选项卡→"放置"面板→"放置在工作面上"命令，在绘图区单击放置灯具，偏移量为 3500 mm。

图 3.130 初始亮度

步骤二：线管与灯的连接

绘制完成线管后进入三维视图，找到对应位置，单击该双管荧光灯，在出现的连接件位置处右击，在弹出的快捷菜单中选择"绘制线管"选项，设置偏移量为"3400.0"，单击"应用"按钮。

拖动端点至接线盒下方，当出现与连接件相连的图示时松开鼠标，则线管将与接线盒相连。若出现连不上的情况，可进入平面视图，利用对齐命令将线管中心线与灯具中心线对齐后再进行上述操作。绘制好的线管与灯的连接模型如图 3.131 所示。

图 3.131　绘制好的线管与灯的连接模型

以此方式绘制剩余双管荧光灯、单管荧光灯、吸顶灯与对应开关线管的连接。

步骤三：开关的放置

单击"插入"选项卡→"从库中载入"面板→"载入族"命令，在"载入族"对话框中选择"机电\供配电\终端\开观\双联开关-暗装"族文件，载入到项目中（图 3.132）。单击"系统"选项卡→"电气"面板→"照明设备"命令，在属性面板类型选择器中选择项目需要的类型。

图 3.132　开关载入族

放置时，单击"修改|放置 设备"选项卡→"放置"面板→"放置在垂直面上"命令，设置照明开关放置高度为 1300 mm，在绘图区单击附着的墙体，即完成开关的放置。

步骤四：线管与开关的连接

开关线管的绘制与灯的绘制方法相同。绘制好的线管与开关的连接模型如图 3.133 所示。

图 3.133　线管与开关的连接模型

3.4.2 绘制弱电系统

1. 感烟探测器的放置

步骤一：绘制参照平面

双击进入东立面视图，单击"建筑"选项卡→"工作平面"面板→"参照平面"命令，并将该参照平面命名为"天花板平面"，设置参照平面高度为 3000 mm（图 3.134）。

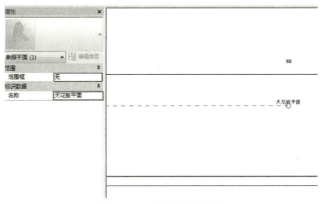

图 3.134　绘制参照平面

步骤二：感烟探测器的放置

单击"系统"选项卡→"电气"面板→"设备"下拉选项→"电气装置"命令，在属性面板类型选择器中选择"火灾感烟探测器"选项。单击"修改|放置 装置"选项卡→"放置"面板→"放置在工作平面上"命令，在弹出的"工作平面"对话框中选择"拾取一个平面"单选项，并单击"确定"按钮（图 3.135）。单击绘制的"天花板平面"，在弹出的"转到视图"对话框（图 3.136）中选择"楼层平面：1F"选项，单击"打开视图"按钮，在弹出的楼层平面中即可按照 CAD 底图进行放置。

图 3.135　拾取一个平面

图 3.136　"转到视图"对话框

2. 线管与感烟探测器的连接

绘制线管与感烟探测器连接的步骤与任务 3.4.1 中线管与灯连接的步骤相同，这里不再赘述。绘制好的线管与感烟探测器的连接模型如图 3.137 所示。

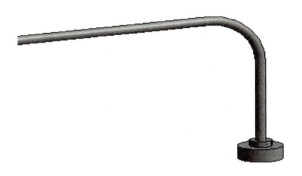

图 3.137 绘制好的线管与感烟探测器的连接模型

巩固与提升

（1）对照图 3.138，梳理自己所掌握的知识体系，并与同学相互交流、研讨个人对某些知识点或技能技巧的理解。

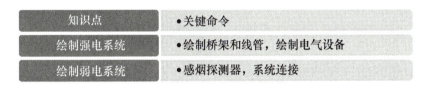

图 3.138 知识体系

（2）用三种以上的方法放置灯具、消防设备。
（3）分析配电箱有几个参数？如何设置？
（4）分析感烟探测器的族有几个参数？如何设置？

任务 3.5 创建综合管线

在管线设计和安装过程中，为确保各系统间管线或设备间无干涉、碰撞，还必须对管道各系统间，以及管道与梁、柱等土建模型间进行碰撞检测。本任务学习如何使用 Revit 中的碰撞检查工具进行冲突检测。

Revit 中的碰撞检查工具，主要用来检查项目内图元之间及图元与链接模型之间无效的交点，即发生碰撞的图元及碰撞位置。通过使用该命令可以快速、准确地找到各专业、系统之间的布置不合理处，从而降低设计变更和成本超限的风险。

任务目标

通过本任务的学习，学生应达到以下目标。
(1) 了解碰撞检查的概念。
(2) 掌握生成碰撞检查报告的方法。
(3) 掌握碰撞检查、设计优化的原则。
(4) 了解综合管线的完成方法。

任务内容

对 2#主题教育馆一层通风空调系统进行碰撞检查，查找碰撞位置并修改，导出碰撞报告，并绘制一层综合管线图。

实施条件

(1) Revit 软件。
(2) AutoCAD 软件。
(2) 2#主题教育馆一层通风空调系统 CAD 图纸。

3.5.1 生成碰撞检查报告

步骤一：进入碰撞检查界面

单击"协作"选项卡→"坐标"面板→"碰撞检查"下拉列表→"运行碰撞检查"命令（图 3.139）。

生成碰撞检测报告

图 3.139 碰撞检查

步骤二：选择碰撞内容

在弹出的"碰撞检查"对话框中，需要在左右两侧的"类别来自"中选择"教育馆建筑.rvt"和"当前项目"，Revit 将在左右两侧分别显示当前项目中包含的所有图元类别。分别选中两侧的"墙""楼板""窗""门"和"机械设备""风管""风管管件""风道末端"等类别，完成后单击下方的"确定"按钮，即执行当前项目中所有属于这些类别图元之间的碰撞检查（图 3.140）。

图 3.140 选择碰撞内容

 **特别提示**

> 在选中类别的时候，可以配合使用下方"全选""全都不选"和"反选"进行快速选择。

步骤三：返回碰撞结果

进行碰撞检测后，Revit 将以"冲突报告"对话框（图 3.141）的形式在项目中返回碰撞结果。Revit 中的碰撞检查，每次最多只能和一个外部文件链接，如有多个外部文件链接，需要分批次进行。如果需要更灵活的碰撞检查操作，可以通过使用 Autodesk Navisworks 软件，在 Navisworks 中完成更灵活、强大的碰撞检查工作。

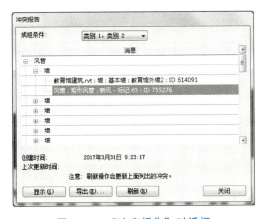

图 3.141 "冲突报告"对话框

步骤四：导出报告

在“冲突报告”对话框中，单击“导出”按钮，在弹出的“将冲突报告导出为文件”对话框中，设置导出文件的位置及导出的文件名。Revit 中可以将每次碰撞检查的结果导出为独立的“.html”格式的报告文件，用于设计过程的协调及存档。双击导出的报告文件，使用 IE、Chrome、Firefox 等浏览器可以查看导出的报告内容（图 3.142）。

冲突报告

冲突报告项目文件： C:\Users\Administrator\Desktop\教材定稿\教材定稿\图\机械-暖通专业已画2.rvt
创建时间： 2017年3月31日 9:23:17
上次更新时间：

	A	B
1	风管 : 矩形风管 : 新风 - 标记 77 : ID 756893	教育馆建筑.rvt : 墙 : 基本墙 : 教育馆外墙2 : ID 614075
2	风管 : 矩形风管 : 新风 - 标记 84 : ID 757040	教育馆建筑.rvt : 墙 : 基本墙 : 教育馆外墙2 : ID 614075
3	风道末端 : 百叶窗 - 矩形 - 防雨 - 主体 : 500x320 - 标记 22 : ID 780958	教育馆建筑.rvt : 墙 : 基本墙 : 教育馆外墙2 : ID 614075
4	风道末端 : 百叶窗 - 矩形 - 防雨 - 主体 : 500x320 - 标记 23 : ID 781004	教育馆建筑.rvt : 墙 : 基本墙 : 教育馆外墙2 : ID 614075
5	风道末端 : 百叶窗 - 矩形 - 防雨 - 主体 : 320x400 - 标记 26 : ID 789543	教育馆建筑.rvt : 墙 : 基本墙 : 教育馆外墙2 : ID 614089
6	风管 : 矩形风管 : 新风 - 标记 181 : ID 789733	教育馆建筑.rvt : 墙 : 基本墙 : 教育馆外墙2 : ID 614089
7	风管 : 矩形风管 : 新风 - 标记 65 : ID 755276	教育馆建筑.rvt : 墙 : 基本墙 : 教育馆外墙2 : ID 614091
8	风道末端 : 百叶窗 - 矩形 - 防雨 - 主体 : 320x400 - 标记 25 : ID 789404	教育馆建筑.rvt : 墙 : 基本墙 : 教育馆外墙2 : ID 614091
9	风管 : 矩形风管 : 回风 - 标记 120 : ID 769991	教育馆建筑.rvt : 墙 : 基本墙 : 教育馆内墙 - 200mm : ID 614096
10	风管 : 矩形风管 : 回风 - 标记 131 : ID 770226	教育馆建筑.rvt : 墙 : 基本墙 : 教育馆内墙 - 200mm : ID 614097
11	风管 : 矩形风管 : 回风 - 标记 129 : ID 770220	教育馆建筑.rvt : 墙 : 基本墙 : 教育馆内墙 - 200mm : ID 614098
12	风管 : 矩形风管 : 新风 - 标记 83 : ID 757030	教育馆建筑.rvt : 墙 : 基本墙 : 教育馆内墙 - 200mm : ID 614105
13	风管 : 矩形风管 : 送风 - 标记 90 : ID 757188	教育馆建筑.rvt : 墙 : 基本墙 : 教育馆内墙 - 200mm : ID 614105
14	风管 : 矩形风管 : 送风 - 标记 95 : ID 757694	教育馆建筑.rvt : 墙 : 基本墙 : 教育馆内墙 - 200mm : ID 614105
15	风管 : 矩形风管 : 送风 - 标记 108 : ID 769151	教育馆建筑.rvt : 墙 : 基本墙 : 教育馆内墙 - 200mm : ID 614105
16	风管附件 : 排烟阀 - 矩形 : 400*200 - 标记 10 : ID 781607	教育馆建筑.rvt : 墙 : 基本墙 : 教育馆内墙 - 200mm : ID 614105
17	风管 : 矩形风管 : 新风 - 标记 167 : ID 781685	教育馆建筑.rvt : 墙 : 基本墙 : 教育馆内墙 - 200mm : ID 614105
18	风管附件 : 排烟阀 - 矩形 : 320*200 - 标记 11 : ID 782231	教育馆建筑.rvt : 墙 : 基本墙 : 教育馆内墙 - 200mm : ID 614105
19	风管 : 矩形风管 : 回风 - 标记 168 : ID 782261	教育馆建筑.rvt : 墙 : 基本墙 : 教育馆内墙 - 200mm : ID 614105
20	风管 : 矩形风管 : 送风 - 标记 170 : ID 782706	教育馆建筑.rvt : 墙 : 基本墙 : 教育馆内墙 - 200mm : ID 614105
21	风道末端 : 散流器 - 方形 : 300x300 - 标记 3 : ID 755144	教育馆建筑.rvt : 天花板 : 复合天花板 : 教育馆 吊顶 : ID 616777
22	风道末端 : 回风口 - 矩形 - 单层 - 可调 : 150x150 - 标记 5 : ID 776202	教育馆建筑.rvt : 天花板 : 复合天花板 : 教育馆 吊顶 : ID 616777

图 3.142　导出报告内容

3.5.2 完成管线综合

管线综合设计优化原则。

（1）大管道优先。因大截面、大直径的管道，如空调通风管道、排水管道、排烟管道等，占据的空间较大，在平面图中应先做布置。

（2）临时管线避让永久管线。

（3）有压管道让无压管道。无压管道如生活污水和粪便污水排水管、雨水排水管、冷凝水排水管，都是靠重力排水，水平管段保持一定的坡度是顺利排水的必要和充分条件，所以在与有压管道交叉时，有压管道应避让。

（4）金属管避让非金属管。因为金属管比较容易弯曲、切割和连接。

（5）冷水管道避让电器线路。在冷水管道垂直下方不宜布置电气线路。

（6）电气线路避让热水管理。在热水管道垂直下方不宜布置电气线路。

（7）消防水管避让冷冻水管（同管径）。因为冷冻水管有保温，有利于工艺和造价。

（8）低压管避让高压管。因为高压管造价高。

（9）强弱电分设。由于弱电线路，如电信、有线电视、计算机网络和其他建筑智能线路易受强电线路电磁干扰，因此强电线路与弱电线路不应敷设在同一个电缆槽内，而且应有一定距离。

（10）附件少的管道应避让附件多的管道。这样有利于施工和检查，更换管件。各种管线在同一处布置时，还应尽可能做到呈直线、互相平行、不交错，还要考虑预留出施工安装、维修更换的操作距离，以及设置支、柱、吊架的空间等。

（11）一般情况下，电线桥架等管线在最上面，风管在中间，水管在最下方（根据设计师设计要求确定）。

（12）在满足设计要求、美观要求的前提下，尽可能节省空间。

（13）其他优化管线的原则，可参考各个专业的设计规范。

1. 根据报告检查模型

步骤一：查看碰撞检查结果

单击"冲突报告"对话框碰撞列表区域管道类别前"+"展开该节点，选中"管道"子节点，单击"显示"按钮，进入项目视图区域查找两管道碰撞之处。成组下会分行分别列出两碰撞图元的详细信息，如果是风管，则会显示风管的类型名称和风管的 ID 号。

步骤二：查找 Revit 模型

Revit 默认在当前项目所有已打开的视图中进行查找。所选择的管道图元将在视图中高亮显示。如果在当前视图中无法以较好的视角显示所选择的管道，可以继续单击"冲突报告"对话框中的"显示"按钮，Revit 将切换至其他已打开的视图以方便观察。

步骤三：显示构件

当在所有已打开的视图中循环切换后，继续单击"显示"按钮，Revit 将在其他未打开的视图中进行查找（图 3.143）。

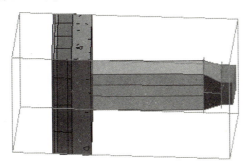

图 3.143　显示构件

在"冲突报告"对话框中，除可以直接选择图元外，还可以利用该对话框的图元 ID 进行选择。Revit 中每一个图元都由系统自动分配一个 ID 号，不同项目中该 ID 号均不相同。

步骤四：按 ID 选择图元

无须退出"冲突报告"对话框，单击"管理"选项卡→"查询"面板→"按 ID 选择"命令，在弹出的"按 ID 选择图元"对话框中，输入图元 ID 号"755276"，单击"显示"按钮，Revit 将在视图中高亮显示该图元，单击"确定"按钮选择该图元。

步骤五：修改图元

找到图元碰撞位置后，可以根据设计要求对图元进行修改，直到不再发生碰撞。在本项目中，可以调整风管的长度。当在多专业协调时会涉及多人多专业工作，因此在修改碰撞时必须由项目负责人进行修改判断。

步骤六：刷新冲突报告

修改后，单击"冲突报告"对话框中的"刷新"按钮。由于碰撞问题解决，会从冲突列表中删除发生冲突的图元，刷新操作仅重新检查当前报告中的冲突，不会重新运行碰撞检查。

步骤七：完成退出

修改完所有冲突后，单击"冲突报告"对话框中的"关闭"按钮退出。要重新显示上一次冲突检测的结果，可以单击"协作"选项卡→"坐标"面板→"碰撞检查"下拉列表→"显示上一个报告"命令，重新打开"冲突报告"对话框，查看冲突检测的结果。重新显示该报告时，会按上一步设置的图元类别对碰撞进行检查。

至此完成碰撞检测的定位与修改操作。关闭该项目，不保存对项目的修改。

做一做

对2#主题教育馆一层电气系统模型进行碰撞检查并修改导出碰撞报告。

2. 管线综合设计

本任务以修改同一标高水管间的碰撞为例来说明管线综合设计的步骤。当同一标高水管间发生碰撞时，如图3.144所示，可以按照如下步骤进行修改。

步骤一：选中碰撞管线

单击"修改"选项卡→"修改"面板→"拆分图元"命令，在发生碰撞的管道两侧单击（图3.145）。

图3.144 同一标高发生碰撞

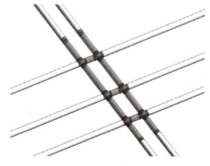

图3.145 单击碰撞的两侧

步骤二：删除碰撞管线

选择中间的管道，按Delete键删除该管道。

步骤三：修改碰撞管线

单击"系统"选项卡→"卫浴和管道"面板→"管道"命令，移动光标到管道缺口处，出现捕捉按钮时单击，输入修改后的标高，再移动光标到另一个管道缺口处，单击即可完成管线碰撞的修改（图3.146）。

碰撞检查及管线综合优化工作涉及多人多专业之间的协调，因此，具体的修改与变更建议需要由项目经理或项目负责人决定。

项目3　机电BIM模型的创建

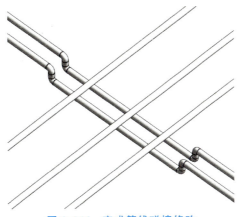

图 3.146　完成管线碰撞修改

巩固与提升

（1）根据图 3.147，梳理本任务的知识体系，并与同学相互交流、研讨个人对某些知识点或技能技巧的理解。

知识点	关键命令
生成碰撞报告	选择，碰撞，输出
完成管线综合	掌握原则，检查模型，优化设计

图 3.147　知识体系

（2）尝试根据碰撞报告完成一层的机电管线综合。

任务 3.6　创建机电明细表

任务目标

通过本任务的学习，学生应达到以下目标。
（1）掌握创建实例明细表的方法。
（2）掌握明细表的编辑方法。

任务内容

创建 2#主题教育管教师办公室和餐厅的风管工程量明细表。

实施条件

（1）Revit 软件。
（2）2#主题教育馆暖通 CAD 施工图。
（3）2#主题教育馆风管 Revit 模型。

1. 创建明细表

步骤一：新建明细表

单击"分析"选项卡→"报告和明细表"面板→"明细表/数量"命令，选择要统计的构件类别（如风管）、设置明细表名称及明细表应用阶段，单击"确定"按钮（图3.148）。

创建实例明细表

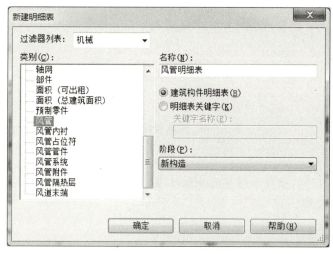

图 3.148 新建明细表

步骤二：设置明细表字段属性

打开"明细表属性"对话框→"字段"选项卡→"可用的字段"列表框中选择要统计的字段，如"族与类型""长度"等，单击"添加"按钮将所选字段移动到"明细表字段（按顺序排列）"列表框中，"上移""下移"按钮用于调整字段顺序（图3.149）。

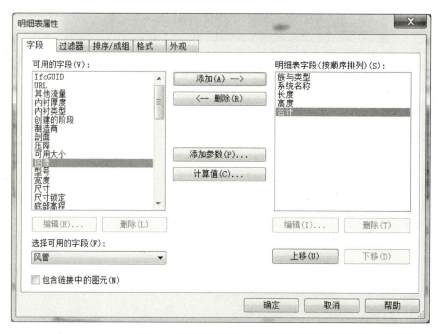

图 3.149 设置明细表字段属性

步骤三：设置明细表过滤器属性

设置过滤器可以统计其中部分构件，不设置则统计全部构件。在本任务中不设置过滤器。

步骤四：设置明细表排序/成组属性

在"排序/成组"选项卡（图 3.150）中，设置排序方式，可供选择的有"总计""逐项列举每个实例"复选框。选中"总计"复选框，在其下拉列表中有 4 种总计的方式。选中"逐项列举每个实例"复选框，则在明细表中统计每一项。

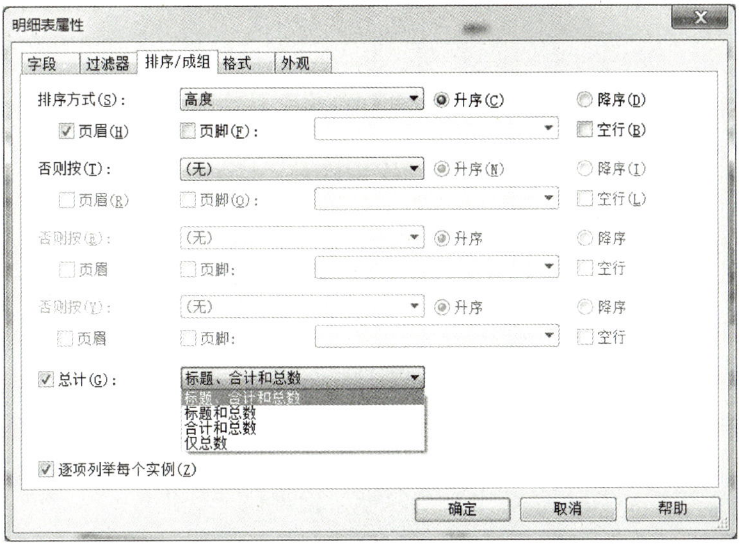

图 3.150 "排序/成组"选项卡

步骤五：设置明细表格式属性

在"格式"选项卡（图 3.151）中，设置字段在表格中的标题名称（字段和标题名称可以不同，如"类型"可修改为窗编号）、标题方向、对齐方式。选中"计算总数"复选框，可统计此项参数的总数。

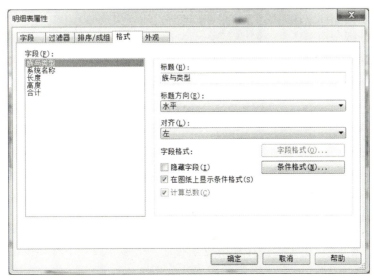

图 3.151 "格式"选项卡

步骤六：设置明细表外观属性

在“外观”选项卡（图 3.152）中，设置表格线宽及“标题文本”“标题”“正文”文字的字体与字号大小，设置完成后单击“确定”按钮。最终生成的风管明细表如图 3.153 所示。

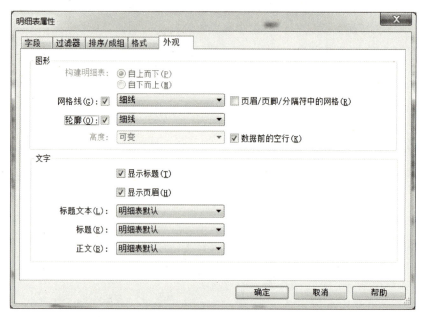

图 3.152 “外观”选项卡

<风管明细表>

A	B	C	D	E
族与类型	系统名称	长度	高度	合计
120				
矩形风管: 送风	教师办公室-送风	4834	120	1
矩形风管: 送风	教师办公室-送风	2090	120	1
矩形风管: 送风	教师办公室-送风	1417	120	1
矩形风管: 送风	教师办公室-送风	351	120	1
矩形风管: 送风	教师办公室-送风	1579	120	1
矩形风管: 送风	教师办公室-送风	261	120	1
矩形风管: 回风	教师办公室-回风	534	120	1
矩形风管: 回风	教师办公室-回风	384	120	1
矩形风管: 回风	教师办公室-回风	235	120	1

图 3.153 风管明细表

做一做

用类似方法创建风道末端的明细表。

2. 编辑明细表

当明细表需要添加新的字段来统计数据时，可通过编辑明细表来实现。

在属性面板中单击字段后的“编辑”按钮，在弹出的“明细表属性”对话框中选择需要的字段，如“宽度”，单击“添加”按钮，通过“上移”或“下移”按钮调整字段的位置，单击“确定”按钮，即完成字段的添加，如图 3.154 所示，此时在明细表中添加了“宽度”的参数统计。

项目3 机电BIM模型的创建

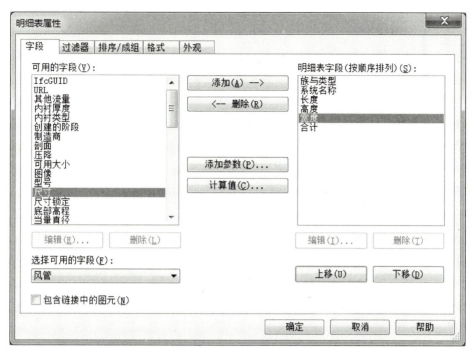

图 3.154 添加字段

巩固与提升

（1）对照图3.155，梳理自己所掌握的知识体系，并与同学相互交流、研讨个人对某些知识点或技能技巧的理解。

图 3.155 知识体系

（2）创建管道系统中给排水管的明细表。
（3）怎样精确显示"合计"数字？例如，保留到两位小数点。

任务 3.7 创建机电族

任务目标

通过本任务的学习，学生应达到以下目标。
（1）掌握实例族的建立方法。
（2）掌握族的参数设置。

203

建筑工程BIM技术应用教程

任务内容

创建暖通通风系统中的机械设备"全热交换器 XF-1"族。

实施条件

族样板文件的选择

(1) Revit 软件。
(2) 2♯主题教育馆暖通 CAD 施工图。

1. 族样板文件的选择

单击"应用程序"→"新建"→"族"命令,打开"新族-选择样板文件"对话框,选择"公制常规模型"族文件作为族样板文件(图 3.156)。

图 3.156 公制常规模型

2. 族轮廓的绘制及参数的设置方法

步骤一:锁定参照标高

从项目浏览器中进入到立面的前视图,选择参照平面,单击"修改|标高"选项卡→"锁定"按钮,将参照平面锁定,可防止参照平面出现意外移动(图 3.157)。

步骤二:隐藏参照标高

单击"视图"选项卡→"图形"面板→"可见性|图形"命令,在打开的对话框中选择"注释类别"选项卡,取消选中"标高"复选框,单击"确定"按钮,这样就能隐藏族样板文件中的参照标高,方便之后做族(图 3.158)。

族轮廓的绘制及参数的设置方法

204

项目3 机电BIM模型的创建

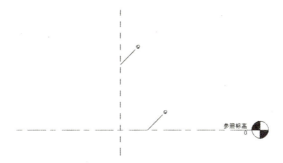

图 3.157　锁定参照标高

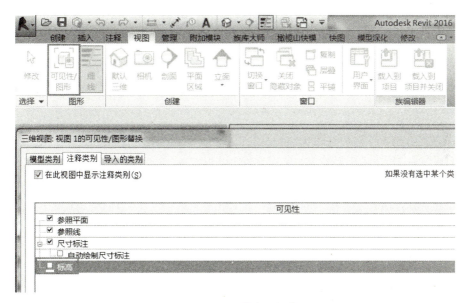

图 3.158　隐藏参照标高

步骤三：绘制轮廓

进入立面的前视图中，单击"创建"选项卡→"形状"面板→"放样"命令，在"修改|放样"选项卡中选择"放样"面板下的"绘制路径"选项，以绘制 2D 路径（图 3.159）。单击"创建"选项卡→"基准"面板→"参照平面"命令，给 2D 路径绘制两个参照平面（图 3.160）

图 3.159　绘制 2D 路径　　　　　图 3.160　绘制参照平面

单击"测量"面板→"对齐尺寸标注"命令，对参照平面进行尺寸标注，并单击"EQ"标志平分标注。用"修改"面板中的"对齐"命令将 2D 路径的两个端点与参照平面对齐锁定（图 3.161）。

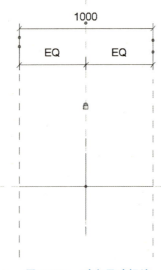

图 3.161　对齐尺寸标注

在选项卡的"标签"下拉列表中选择"＜添加参数……＞"选项，在弹出的"参数属性"对话框中添加参数名称为"交换器长度"，添加时选择右侧"实例"单选项，单击"确定"按钮（图 3.162）。

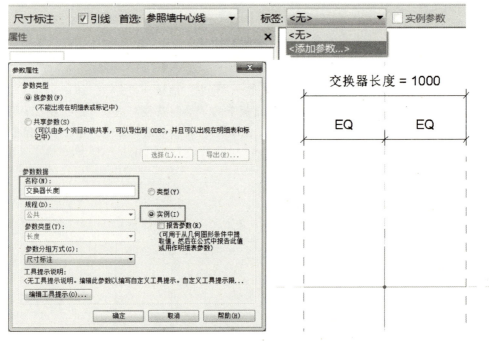

图 3.162　添加参数

单击"编辑"面板下的"编辑轮廓"命令,在弹出的"转到视图"对话框中选择"立面:左"选项,单击"打开视图"按钮。单击"修改|放样>编辑轮廓"选项卡→"绘制"面板→"矩形"命令绘制轮廓(图3.163)。

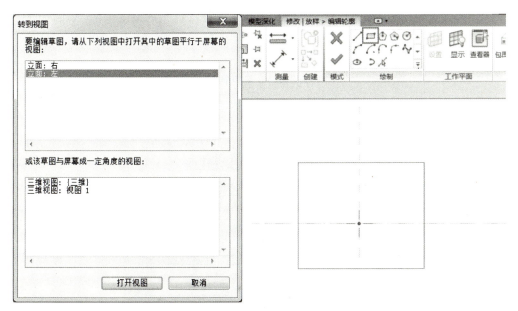

图 3.163　编辑轮廓

单击"注释"选项卡→"对齐"按钮,对轮廓进行尺寸标注,并用"EQ"平分标注,选择标注,在选项卡"标签"下拉列表中选择"＜添加参数……＞"选项,分别添加参数名称"交换器宽度""交换器高度",添加时选择右侧"实例"单选项,单击"完成轮廓"按钮完成轮廓(图3.164),单击"完成放样"按钮完成放样(图3.165)。

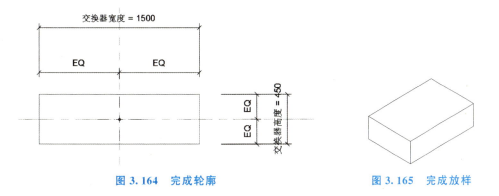

图 3.164　完成轮廓　　　　　　　　　　图 3.165　完成放样

步骤四:参数设置

在"立面:左"视图中单击"创建"选项卡→"形状"面板→"拉伸"命令,绘制矩形轮廓。单击"注释"选项卡→"尺寸标注"面板→"对齐"命令,对轮廓进行尺寸标注。选择标注,在选项栏的"标签"下拉列表中选择"添加参数"选项,分别添加参数名称"风管宽度1""风管高度1""风管宽度2""风管高度2",添加时选择右侧"实例"单选项(图3.166)。

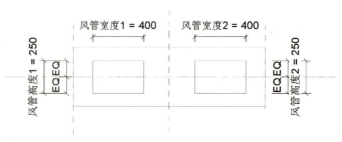

图 3.166　添加参数

在属性面板"限制条件"中分别输入拉伸终点"-520.0"和拉伸起点"-500.0"（图 3.167）。

图 3.167　设置限制条件

以同样的方式创建"立面：右"视图的拉伸，并添加尺寸标注。

3. 添加连接件及载入调试

步骤一：创建连接件

进入到三维视图中，单击"创建"选项卡→"连接件"面板→"风管连接件"命令，选择需要放置的风管面（图 3.168）。

步骤二：编辑连接件属性

选择风管连接件，在属性面板中修改其实例属性，在"系统分类"下拉列表中选择"管件"选项，在"尺寸标注"中将"高度"和"宽度"与对应的"风管高度1"和"风管宽度1"关联起来，在设定好连接件的高度与宽度之后，单击"确定"按钮（图 3.169）。

同理，在其他三个风口处添加风管连接件，设定并关联其高度与宽度（图 3.170）。

步骤三：定义族

单击"创建"选项卡→"属性"面板→"族类别和族参数"命令，在弹出的"族类别和族参数"对话框中将该族定义为"机械设备"（图 3.171）。

项目3 机电BIM模型的创建

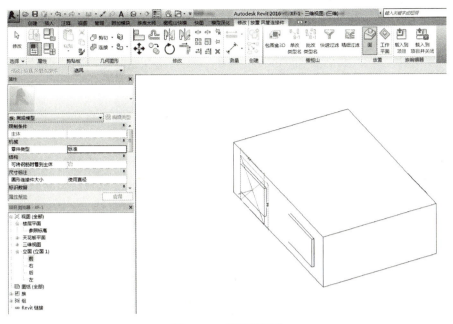

图 3.168 风管连接件

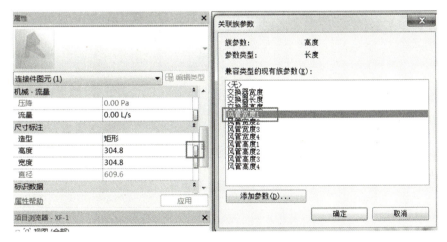

图 3.169 编辑连接件属性

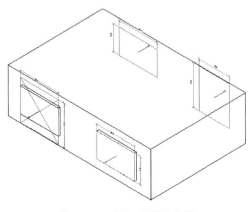

图 3.170 添加风管连接件

209

图 3.171　机械设备

步骤四：载入族

设置好族参数后可以将其保存，并命名为"全热交换器 XF-1"，也可以直接载入到项目中（图 3.172）。

图 3.172　载入到项目

巩固与提升

（1）对照图 3.173，梳理本任务的知识体系，并与同学相互交流、研讨个人对某些知识点或技能技巧的理解。

图 3.173　知识体系

（2）创建完成设备族后，尝试更改设备尺寸大小为"2000×2000×800"。

（3）根据本任务步骤创建"全热交换器 XF-2"机电族。

拓展讨论

党的二十大报告指出，优化基础设施布局、结构、功能和系统集成，构建现代化基础设施体系。管线综合布置在建筑设施体系中的意义和作用在哪里？

项目 4　BIM 4D 的应用

学习目标

知识目标	技能目标	素质目标
1. 熟练掌握整合模型的方法 2. 熟练掌握生成和分析碰撞检查报告的方法 3. 熟练掌握进行模型动态检查的方法 4. 熟练掌握模拟建造的方法	1. 能够熟练运用 Navieworks 软件土建和机电模型的整合 2. 能够熟练运用 Navieworks 软件生成碰撞检查报告并进行数据分析 3. 能够运用 Navieworks 软件进行项目的模拟建造	1. 培养自主学习和项目实战的能力 2. 培养精益求精的工匠精神 3. 能够关注行业发展和技术创新,培养科学探索的精神 4. 培养协作互补,共同进步的团队精神

知识导入

BIM 4D 模型是在原来 3D 模型基础上加入了时间元素,可以运用 BIM 4D 模型来对项目进行模型整合、碰撞检查、模拟建造等。无论是模型整合、碰撞检查还是模拟建造,都是专业协同的过程,也是团队合作高度浓缩的过程,只有凭借丰富的专业知识,良好的合作态度,才能准确找到并迅速解决问题。

目前主流实现 BIM 4D 的软件是 Autodesk Navisworks,该软件能够将 AutoCAD 和 Revit 系列等应用创建的设计数据,与来自其他设计工具的几何图形和信息相结合。Navisworks 软件产品可以帮助所有相关方将项目作为一个整体来看待,从而优化从设计决策、建筑实施、性能预测和规划直至设施管理和运营等各个环节。

① Autodesk Navisworks 界面直观,易于学习和使用。用户可以根据工作方式来调整应用程序界面(图 4.1)。

② 项目呈现有序。单击"应用程序"→"选项"按钮,在弹出的"选项编辑器"对话框中展开"界面"节点,单击"用户界面"选项,在"用户界面"页上从"主题"下拉列表中选择所需的主题类型,单击"确定"按钮(图 4.2)。

在打开一个项目后,界面的右边会有两个工具,即 ViewCube 和三维观察导航栏,与 Revit 软件中是一样的。

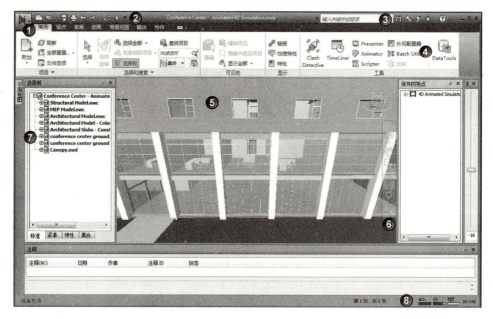

1—"应用程序"按钮和菜单；2—快速访问工具栏；3—信息中心；4—功能区
5—场景视图；6—导航栏；7—可固定窗口；8—状态栏

图 4.1　Autodesk Navisworks 界面

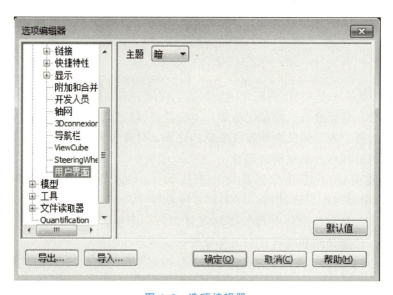

图 4.2　选项编辑器

做一做

Navisworks 与 Revit 都是 Autodesk 公司的软件，动手安装一下 Navisworks 软件。

项目4 BIM 4D的应用

任务 4.1 整合模型

整合模型

任务目标

通过本任务的学习,学生应达到以下目标。
(1) 掌握从 Revit 软件中导出".nwc"文件的步骤。
(2) 掌握设置 Revit 文件导出器选项的步骤。
(3) 掌握附加、合并文件的步骤。

任务内容

掌握 Navisworks 整合模型的主要步骤,主要包括从 Revit 软件中导出".nwc"文件的步骤,设置 Revit 文件导出器选项的步骤,附加、合并文件的步骤等。

实施条件

(1) Revit 软件。
(2) Navisworks 软件。
(3) 建立完成的 Revit 模型。

步骤一:从 Revit 软件中导出".nwc"文件

Navisworks 软件无法直接读取原生的 Revit 文件,需要使用文件导出器以".nwc"格式保存文件,以便在 Navisworks 软件中打开。安装相同版本的 Navisworks 软件必须在安装 Revit 软件之后,这样在 Revit 软件的附加模块中会出现外部工具链接,选择"外部工具"即可选择导出 Navisworks 文件。如果安装顺序颠倒,附加模块中则不会出现 Navisworks 软件的外部链接,这样可以在 Revit 中导出".dwf"格式文件,再用 Navisworks 软件打开。

在 Revit 软件中单击"工具"→"外部工具"→"Navisworks 2016"选项(图 4.3)。在"导出场景为"对话框中输入文件名称,单击"浏览"按钮选择所需的存储位置,单击"保存"按钮即可导出 Navisworks 软件可用的".nwc"文件。

图 4.3 外部工具

213

步骤二：设置 Revit 文件导出器选项

在 Revit 软件中单击"工具"→"外部工具"→"Navisworks 2016"选项，在弹出的"导出场景为"对话框中单击"Navisworks 设置"按钮，弹出"Navisworks 选项编辑器-Revit"对话框，选择"文件读取器"节点下的"Revit"选项，从对话框右侧出现的选项调整设置。设置完成后单击"确定"保存更改，返回到"将场景导出为"对话框，继续导出".nwc"格式文件。

步骤三：附加、合并文件

在打开建筑的模型之后，把结构及设备专业在 Revit 中所建模型经过上面步骤导出的".nwc"格式文件加到建筑中来。Navisworks 提供了两种方法："附加"与"合并"（图 4.4）。它们的区别在于合并可以把重复的信息（如标记）删除掉。".nwc"格式文件全部加进去后即可以进行 BIM 各专业协调的工作了。

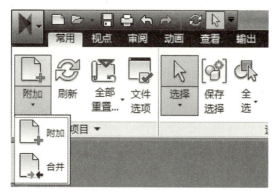

图 4.4　附加与合并

单击"应用程序"按钮→"新建"命令，打开第一个具有审阅标记的文件。单击"常用"选项卡→"项目"面板→"合并"命令。在弹出的"合并"对话框中找到"文件类型"框，选择 Revit 中已经导出的建筑、结构、设备文件（".nwd"或".nwf"），导入到要合并的文件所在的文件夹。选择所需的文件，单击"打开"按钮即完成。

巩固与提升

（1）对照图 4.5，梳理自己所掌握的知识体系，并与同学相互交流、研讨个人对某些知识点或技能技巧的理解。

图 4.5　知识体系

（2）将建筑、结构、机电各专业模型合并。

项目4　BIM 4D的应用

任务 4.2　创建集合

任务目标

通过本任务的学习,学生应达到以下目标。
掌握 Navisworks 创建集合。

创建集合

任务内容

掌握 Navisworks 创建集合命令,并根据实际情况需要通过管理集来管理所创建的模型。

实施条件

(1) Revit 软件。
(2) Navisworks 软件。
(3) 建立完成的 Revit 模型。

步骤一:创建集合

在实际的 BIM 设计中,由于进行的是三维绘图,文件的信息量非常大,所以一般都会将项目进行拆分,如区域、楼层、系统等,以达到方便绘图、检查及灵活组合的目的。将各个部分导入后,单击"常用"选项卡→"选择和搜索"面板→"选择树"命令(图 4.6) 软件窗口左侧会出现一个类似微软文件夹的树形结构窗口。在实际操作中,可以把模型分得尽可能详细以便后期管理。单击任意一个内容,在模型中就会高亮显示出来,通过细分模型,可以迅速地查看到任何一个构件。高亮显示的颜色可以通过单击"应用程序"→"选项"按钮,在弹出的"选项编辑器"对话框中选择"界面"→"选择"选项来进行设置(图 4.7)。

图 4.6　"选择树"命令

215

建筑工程BIM技术应用教程

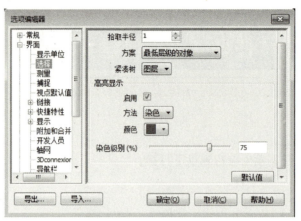

图 4.7 设置颜色

步骤二：设置集合

集合即为根据实际情况需要通过管理集创建一个集合来管理模型。单击"常用"选项卡→"选择和搜索"面板→"集合"下拉列表→"管理集"命令，在选择树里面按住 Ctrl 键，用鼠标单击需要编成集合查看的内容，选中后右击选择"添加"选项并命名。创建好集合后就可以通过集合查看所需要的内容，这个功能类似于 CAD 中图层管理器。另外也可以直接在模型上选取并添加到集合中。

巩固与提升

（1）对照图 4.8，梳理自己所掌握的知识体系，并与同学相互交流、研讨个人对某些知识点或技能技巧的理解。

图 4.8 知识体系

（2）尝试建立建筑、结构、机电各专业集合。

任务 4.3　生成碰撞检查报告

使用"Clash Detective"（碰撞检测）工具可以有效地识别、检验和报告三维项目模型中的碰撞，有助于降低模型检验过程中出现人为错误的风险。"Clash Detective"工具可用作已完成设计工作的一次性"健全性检查"，也可以用作项目的持续性审核检查，如图 4.9 所示。

使用"Clash Detective"工具可在传统的三维几何图形（三角形）和激光扫描点云之间执行碰撞检测，通过固定窗口中的各项命令设置碰撞检测的规则和选项、查看结果、对结果进行排序及生成碰撞报告。

生成碰撞检查报告

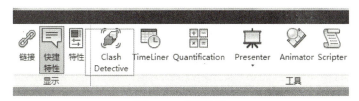

图 4.9 碰撞检测

> **任务目标**

通过本任务的学习，学生应达到以下目标。

掌握"Clash Detective"选项设置。

> **任务内容**

掌握"Clash Detective"工具，能有效地识别、检验和报告三维项目模拟中的碰撞。

> **实施条件**

（1）Revit 软件。

（2）Navisworks 软件。

（3）建立完成的 Revit 模型。

步骤一：设置"Clash Detective"选项

单击"应用程序"→"选项"按钮，在弹出的"选项编辑器"对话框中展开"工具"节点，单击"Clash Detective"选项（图 4.10）。

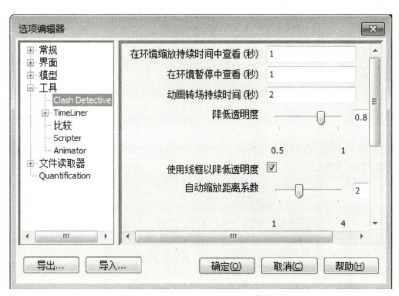

图 4.10 Clash Detective 选项

(1)"在环境缩放持续时间中查看（秒）"后输入所需的值。可通过单击"常用"选项卡→"工具"面板→"Clash Detective"工具，在弹出的"Clash Detective"窗口的"结果"选项卡上使用"在环境中查看"功能时，该值指定视图缩小（使用动画转场）所用的时间。

(2)"在环境暂停中查看（秒）"后输入所需的值，执行"在环境中查看"时，只要按住按钮，视图就会保持缩小状态。如果快速单击而不是按住按钮，则该值指定视图保持缩小状态以免中途切断转场的时间。

(3)"动画转场持续时间（秒）"后输入所需的值，在"Clash Detective"窗口的"结果"选项卡中单击一个碰撞时，该值用于平滑地从当前视图到下一个视图的转场。

(4)"降低透明度"滑块可指定碰撞中不涉及的项目的透明度。

步骤二：设置"Clash Detective"选项卡

"Clash Detective"对话框如图 4.11 所示。

图 4.11 "Clash Detective"对话框

"规则"选项卡用于定义和自定义碰撞检测的规则。该选项卡列出了当前可用的所有规则，可以对这些规则进行编辑，也可以根据需要添加新规则。

"选择"选项卡仅可以检测项目集，而不是针对整个模型进行检测。该选项卡可以为"批处理"功能中当前选定的碰撞配置参数。"选择 A"和"选择 B"这两个窗格包含在碰撞检测过程中以相互参照的方式进行测试的两个项目集的树视图，用户需要在每个窗格中选择需要参照的测试项目。每个窗格的底部都有多个复制"选择树"窗口，也可以使用它们选择碰撞检测的项目。

"结果"选项卡能够以交互方式查看已找到的碰撞。它包含碰撞列表和一些用于管理碰撞的控件，可以将碰撞组合到文件夹和子文件夹中，从而使管理大量碰撞或相关碰撞的工作变得更为简单。

"报告"选项卡可以设置和写入选定测试中找到的所有碰撞结果的详细信息报告。

巩固与提升

(1)对照图 4.12，梳理自己所掌握的知识体系，并与同学相互交流、研讨个人对某些知识点或技能技巧的理解。

图 4.12 知识体系

(2)进行机电模型的碰撞检查并生成碰撞报告。

项目4　BIM 4D的应用

任务 4.4　模型动态检查

模型动态检查

任务目标

通过本任务的学习，学生应达到以下目标。
（1）了解 Navisworks 中的模型导航。
（2）掌握创建视点动画。
（3）掌握逐帧创建动画。
（4）掌握动画和脚本的播放。

任务内容

掌握 Navisworks 中模型动态检查，包括创建视点动画、逐帧创建动画的步骤。

实施条件

（1）Revit 软件。
（2）Navisworks 软件。
（3）建立完成的 Revit 模型。

步骤一：模型导航

Navisworks 中可以漫游模型并以第三人视角进行动态检查。

单击"视点"选项卡→"导航"面板→"真实效果"下拉列表中的"碰撞""重力""蹲伏""第三人"复选框来控制导航的速度和真实效果，"真实效果"中的工具在二维工作空间中不可用（图 4.13）。

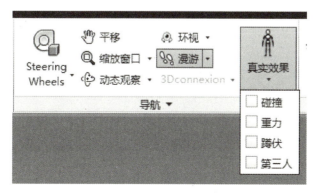

图 4.13　真实效果

（1）重力：重力提供重量，作为碰撞体在场景中漫游的同时被向下拉。例如，我们可以走下楼梯或随地形起伏而走动。

（2）蹲伏：在激活碰撞的情况下围绕模型漫游或飞行时，可能会遇到高度太低而无法在其下直立移动漫游的对象，如进入高度只有 0.5 m 的管道。通过此功能可以蹲伏在任何对象的下面。在激活蹲伏的情况下，可以自动蹲伏在指定高度无法漫游的任何对象，因此不会妨碍我们围绕模型导航。

（3）碰撞：碰撞提供体量，作为碰撞体围绕模型并与模型交互的三维对象，服从模型本身物理规则。例如，无法穿过场景中的其他对象、点或线。

（4）第三人：可以通过第三人透视导航场景。激活第三人后，将能够看到一个模拟人，该模拟人是我们在三维模型中的表现。在导航时，可控制模拟人与当前场景的交互。

步骤二：创建视点动画

在 Navisworks 中创建视点动画有两种方法：一种是简单地录制实时漫游；另一种是组合特定视点，以便 Navisworks 稍后插入到视点动画中。视点动画是通过"动画"选项卡和"保存的视点"窗口控制的，可以支持隐藏视点中的项目、替代颜色和透明度及设置多个剖面等操作。

单击"动画"选项卡→"创建"面板→"录制"命令，开始录制动画（图 4.14）。在 Navisworks 录制移动的同时，在"场景视图"中进行导航。在导航过程中可以在模型中移动剖面，此移动也会被录制到视点动画中。若想导航过程中的任意时刻暂停，可以单击"动画"选项卡→"录制"面板→"暂停"命令。当录制完成之后，单击"动画"选项卡→"录制"面板→"停止"命令，即完成动画的录制。

图 4.14 录制动画

录制视点动画后，可以对其进行编辑以设置持续时间、平滑类型及是否循环播放。此外，还可以自由地复制视点动画（按住 Ctrl 键的同时在"保存的视点"窗口中拖动动画）、从动画中删除帧（将帧从动画拖动到"保存的视点"窗口中的空白区域）、编辑单个帧属性、插入剪辑、将其他视点或视点动画拖动到现有视点或视点动画中，以继续设计动画。

步骤三：逐帧创建动画

单击"视图"选项卡→"保存、载入和回放"面板→"保存视点"下拉列表，打开"保存的视点"窗口（图 4.15）。

在"保存的视点"窗口上右击，选择"添加动画"选项，将创建新的视点动画，称为"AnimationX"，其中"X"是最新的可用数字，此时可以对该名称进行编辑。

将添加到动画中的模型导航到某个位置，在新位置单击"保存的视点"窗口，右击选择"保存视点"选项，将其另存为一个视点，根据需要重复此步骤。每个视点将变成动画的一个帧。帧越多，视点动画越平滑，并且可预测性越高。

图 4.15 保存的视点

创建所有视点后，将其拖动到刚刚创建的空视点动画中，逐个拖动它们，也可以使用 Ctrl 键和 Shift 键选择多个视点，一次拖动多个视点。如果将视点拖动到视点动画图标本身中，这些视点将在动画结束时成为帧。可以在扩展动画的任何位置上拖动视点，以将其放到所需的位置。

使用"动画"选项卡→"回放"面板→"回放时间"滑块，在视点动画中向前或向后移动，以查看它的外观（图 4.16）。可以编辑视点动画内部的任何视点，也可以添加视点、删除视点、移动视点，切割和编辑动画本身，直到获得满意的视点动画。

图 4.16 回放时间

创建多个视点动画后，可以将其拖放到主视点动画，以制作更复杂的动画组合，就像将视点作为帧拖放到动画中一样。

步骤四：播放动画

在"场景视图"中播放预先录制的对象动画和视点动画。

（1）单击"动画"选项卡→"回放"面板→"可用动画"下拉列表→选择要回放的动画。

（2）在"回放"面板上，单击"播放"按钮可以播放动画（图 4.17）。

图 4.17 播放动画

使用"回放"面板上的"回放时间"滑块可以在动画中快速向前和向后移动。最左侧为开头，最右侧为结尾。在"回放时间"滑块的右侧，有两个动画进度指示器：百分比和时间（以秒为单位）。可以在每个框中键入一个数字将相机设定在某个点处。

对于视点动画，在播放动画时，会高亮显示"保存的视点"窗口（单击"视点"选项卡→"工作空间"面板→"窗口"下拉菜单→"保存的视点"选项）中动画的帧。单击任意一帧以将相机设置为视点动画中的该时间点，并继续从此处进行播放。

✓ 巩固与提升

（1）对照图 4.18，梳理自己所掌握的知识体系，并与同学相互交流、研讨个人对某些知识点或技能技巧的理解。

知识点	• 关键命令
模型导航	• 重力，蹲伏，碰撞，第三人
视点动画	• 录制，保存
逐帧动画	• 保存视点，添加视点，删除视点
播放动画	• 回放，播放，设置时间

图 4.18 知识体系

模拟建造

（2）用视点动画来制作一个漫游场景。

任务 4.5 模拟建造

Navisworks 中"TimeLiner"工具可以添加四维进度模拟。"TimeLiner"从各种来源导入进度，可以使用模型中的对象连接进度中的任务以创建四维模拟。各"TimeLiner"还能够基于模拟的结果导出图像和动画。如果模型或进度更改，"TimeLiner"将自动更新模拟。

任务目标

通过本任务的学习，学生应达到以下目标。
（1）了解 Navisworks 中"TimeLiner"选项设置。
（2）掌握 Navisworks 中"TimeLiner"创建任务。
（3）掌握 Navisworks 中"TimeLiner"编辑任务。
（4）掌握如何对建立的任务模拟进行播放。
（5）掌握如何对播放的任务模拟进行调整。
（6）掌握如何向整个进度中添加动画。
（7）掌握如何向项目中添加脚本。

项目4　BIM 4D的应用

> 任务内容

掌握 Navisworks 中创造模拟的步骤，包括在"TimeLiner"中如何进行选项设置、创建任务、对任务进行编辑、对建立的模拟任务进行播放、对播放的任务模拟进行调整、向项目中添加动画和脚本。

> 实施条件

（1）Revit 软件。
（2）Navisworks 软件。
（3）建立完成的 Revit 模型。

步骤一："TimeLiner"选项设置

单击"应用程序"→"选项"按钮，在弹出的"选项编辑器"对话框（图 4.19）中展开"工具"节点，单击"TimeLiner"子节点。

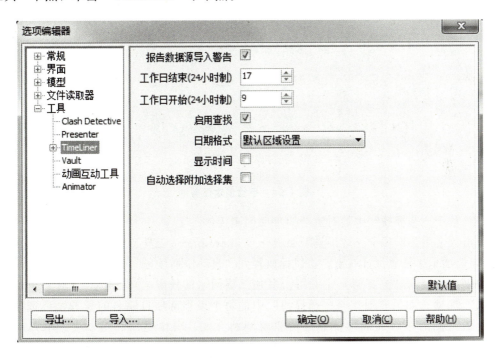

图 4.19　"选项编辑器"对话框

选中"报告数据源导入警告"复选框，以便在"TimeLiner"窗口→"数据源"选项卡中导入数据遇到问题时，能显示警告消息。

在"工作日结束（24 小时制）"后填写希望工作日结束的时间。

在"工作日开始（24 小时制）"后填写希望工作日开始的时间。

223

选中"启用查找"复选框,即可在"任务"选项卡中右击时,系统自动提供查找选项。

在"日期格式"下拉列表中选择日期格式。

选中"显示时间"复选框,可在"任务"选项卡的日期列中显示时间。

选中"自动选择附加选择集"复选框,即可在"TimeLiner"窗口中选择每个任务时,选中"场景视图"中的所有附加项目。

步骤二:创建任务

在"TimeLiner"中,可以通过下列任意一种方式创建任务。

① 采用一次一个任务的方式手动创建。

② 基于"选择树"或者"选择集"和"搜索集"中的对象结构自动创建。

③ 基于添加到"TimeLiner"中的数据源自动创建。

本文仅详细介绍前两种创建任务的方式,同学们可自行探索第三种方式。

(1)手动创建任务。

将模型载入到 Navisworks 后,单击"常用"选项卡→"工具"面板→"TimeLiner"工具。在"TimeLiner"窗口→"任务"选项卡中任意位置右击,在快捷菜单中选择"添加任务"选项。输入任务名称后按 Enter 键,此时该任务即添加到进度中(图 4.20)。

图 4.20 手动创建任务

(2)基于"选择树"中的对象结构自动创建任务。

单击"常用"选项卡→"工具"面板→"TimeLiner"工具。在"TimeLiner"窗口→"任务"选项卡中任意位置右击,将鼠标放置到"自动添加任务"打开级联菜单。

如果要创建与"选择树"中的每个最顶部层同名的任务,可选择"针对每个最上面的图层"选项;如果要创建与"选择树"中的每个最顶部项目同名的任务,可选择"针对每个最上面的项目"选项。根据构建模型的方式,可以是层、组、块、单元或几何图形。

(3)基于"搜索集"或"选择集"中的对象结构自动创建任务。

单击"常用"选项卡→"工具"面板→"TimeLiner"工具。在"TimeLiner"窗口→"任务"选项卡中任意位置右击,将鼠标放置到"自动添加任务"打开级联菜单。

单击"针对每个集合"以创建与"集合"可固定窗口中的每个"选择集"和"搜索集"同名的任务。

项目4　BIM 4D的应用

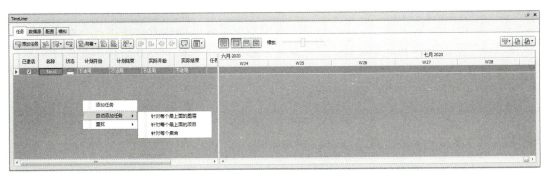

图 4.21　自动添加任务

步骤三：编辑任务

可以直接在"TimeLiner"中编辑任何任务参数，但是，在下次刷新从外部项目文件所导入任务的相应数据源时，将覆盖对这些任务所做的更改。

（1）更改任务名称。

在"TimeLiner"窗口的"任务"选项卡中，选中包含要修改的任务的行，单击其名称。为该任务键入一个新名称，按 Enter 键完成更改任务名称。

特别提示

在默认情况下不显示任务的时间，若要显示任务的时间，需单击"应用程序"→"选项"按钮，在弹出的"选项编辑器"对话框中单击"工具"节点→"TimeLiner"子节点，选中"显示时间"复选框即可（图 4.22）。

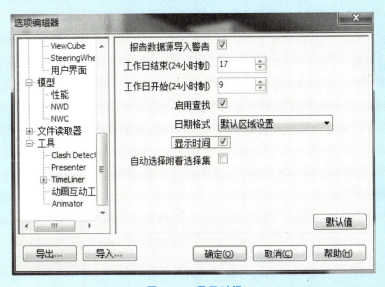

图 4.22　显示时间

225

（2）更改任务日期和时间。

在"TimeLiner"窗口→"任务"选项卡中选中要修改的任务。单击"实际开始"和"实际结束"字段中的下三角按钮将打开日历，从中可以设置实际开始日期和实际结束日期。单击"计划开始"和"计划结束"字段中的下三角按钮将打开日历，从中可以设置计划开始日期和计划结束日期（图4.23）。

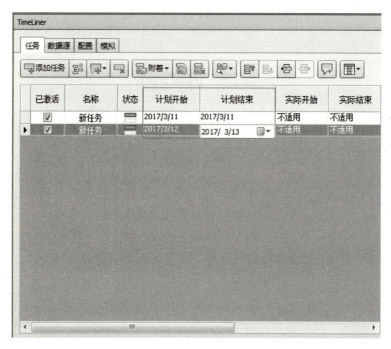

图 4.23　设置计划开始日期和计划结束日期

若要更改开始或结束时间，需单击要修改的时间单元（小时、分或秒）后输入值。可以使用键盘上的左箭头键和右箭头键在时间字段中的各个单元之间移动。

步骤四：播放模拟

单击"常用"选项卡→"工具"面板→"TimeLiner"工具。在"TimeLiner"窗口→"任务"选项卡中选中在模拟中的所有任务能用到的"活动"复选框。确定为活动任务指定了正确的任务类型，并将活动任务附加到几何图形对象后，单击"模拟"选项卡→"播放"按钮。

"场景视图"会显示根据任务类型，随时间添加或删除的模型部分。

步骤五：配合模拟

在默认情况下，无论任务持续时间多长，模拟播放持续时间均为20秒。可以调整模拟持续时间及一些其他播放选项来增加模拟的有效性。

单击"常用"选项卡→"工具"面板→"TimeLiner"工具。在"TimeLiner"窗口→"模拟"选项卡中单击"设置"按钮（图4.24）。在弹出的"模拟设置"对话框中修改播放设置，单击"确定"按钮。

步骤六：向整个进度中添加动画

可以添加到整个进度中的动画只限于视点、视点动画和相机。添加的视点和视点动画将

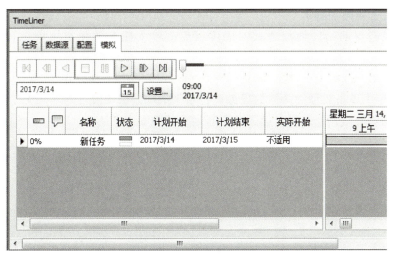

图 4.24 "模拟"选项卡

自动缩放,以便与播放持续时间相匹配。向进度中添加动画后,就可以对其进行模拟了。

在"视点"选项卡→"保存视点"下拉列表中选择"保存视点"选项,在弹出的"保存的视点"可固定窗口上选择所需的视点或视点动画。单击"常用"选项卡→"工具"面板→"TimeLiner"工具。在"TimeLiner"窗口中,单击"模拟"选项卡→"设置"按钮。在弹出的"模拟设置"对话框(图 4.25)中,单击"动画"字段中的下三角按钮,选择"保存的视点动画"。单击"确定"按钮,即向整个进度中添加动画。

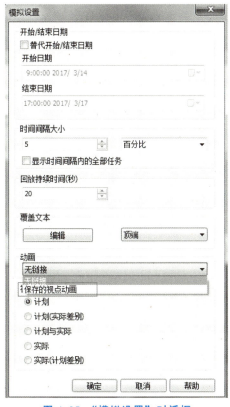

图 4.25 "模拟设置"对话框

步骤七：向任务中添加脚本

脚本可以控制动画的播放方式，还可以更改单个任务的相机视点或同时播放多个动画。

单击"常用"选项卡→"工具"面板→"TimeLiner"工具。在"TimeLiner"窗口→"任务"选项卡中单击要添加脚本的任务，将水平滚动条滑动到"脚本"列。单击"脚本"字段中的下三角按钮，选择要与该任务一起运行的脚本（图4.26）。

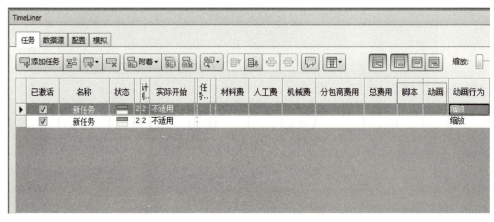

图4.26 运行脚本

巩固与提升

（1）对照图4.27，梳理自己所掌握的知识体系，并与同学相互交流、研讨个人对某些知识点或技能技巧的理解。

知识点	关键命令
设置创建任务	TimeLiner添加任务
编辑任务	更改名称，修改日期
播放模拟	活动，指定类型，播放
配合模拟	配置，模拟设置
添加动画	选择动画，模拟设置
添加脚本	滚动条，脚本

图4.27 知识体系

（2）制作本项目的模拟建筑动画。

拓展讨论

碰撞检查和模拟建造需要建立起统一的标准体系，只有按照统一的标准和要求开展工作，才能找到各专业间的碰撞问题。请思考如何在碰撞检查和模拟建造的过程中实现多专业之间进行协同工作？

项目 5　BIM 5D 的应用

学习目标

知识目标	技能目标	素质目标
1. 熟练掌握整合模型的方法 2. 熟练掌握进度管理的方法 3. 熟练掌握管理预算文件的方法	1. 能够熟练运用 BIM 5D 软件进行模型整合 2. 能够熟练运用 BIM 5D 进行项目进度管理 3. 能够熟练运用 BIM 5D 进行项目预算文件的管理	1. 培养自主学习和项目实战的能力 2. 能够关注行业发展和技术创新,培养科学探索的精神 3. 培养与时俱进的时代精神,树立产业报国的远大理想 4. 树立构建人类命运共同体观念,建立推动建设持久和平的世界观

知识导入

1. BIM 5D 的含义与作用

一提到 3D（三维），大家都会在空间上对其有直观的认知，那么，什么是 BIM 5D 呢？在我们所理解的 3D（三维）空间再加上进度和成本两个维度，即 BIM 5D。虽然只是增加了两个维度，但意义却远远超出了其增加维度本身。

BIM 5D 是一款基于 BIM 的施工过程的管理工具，可以通过 BIM 模型集成进度、预算、资源、施工组织等关键信息对施工过程进行模拟，及时地为施工过程中的技术、生产等环节提供准确的形象进度、物资消耗、过程计量、成本核算等核心数据，有效地提升沟通和决策效率，帮助客户对施工过程进行数字化管理，从而达到节约时间和成本、提升项目管理效率的目的。对于企业来说，BIM 不只是一种信息化技术，它还会影响建筑施工企业的整个工作流程，并对企业的管理工作起到变革性的作用。

2. 软件的选择

本项目中在 BIM 5D 的成本管理上我们依托于广联达 BIM 5D 软件。我国 BIM 5D 软件研发企业走过的道路，正是中国 BIM 软件行业从无到有、从小到大，现如今，可以走出国门，参与国际竞争的历程。也是中国信息产业与传统产业结合，推动产业升级发展进程的缩影。他们能够不断抓住机遇，把握建筑信息化未来的发展方向，适应国家发展战略的要求，通过不断的努力和创新，走出了一条具有中国特色的 BIM 软件发展之路。

做一做

上网查阅 BIM 5D 的相关案例，看看目前有哪些工程项目中应用了 BIM 5D 技术，下载相关物资模拟的视频观看，找出其中的亮点，分享交流。

任务 5.1 整合模型

整合模型

任务目标

通过本任务的学习，学生应就达到以下目标。
（1）掌握模型导出与导入的方法。
（2）掌握模型导入的方法。

任务内容

Revit 三维模型导出成转换文件，再导入到 BIM 5D 软件中。

实施条件

（1）BIM 5D 软件。
（2）Revit 相关模型。

目前 BIM 5D 支持的转换模型文件格式有".igms"".e5d"".ifc"".skp"。将 Revit 三维模型导入到 BIM 5D 软件有两种形式：一种是将 Revit 模型导出为".e5d"文件，再导入到 BIM 5D 软件中；另一种是将 Revit 三维模型先导出为".gfc"交换文件，之后导入到算量软件转换为".igms"格式文件，再将".igms"格式文件导入到 BIM 5D 软件中。两种导入方式的区别在于前者只有模型没有工程量，后者既有模型又有工程量。

1. 导出为".e5d"文件

步骤一：导出图元

安装 BIM 5D 软件后，打开 Revit 软件，单击"附加模块"选项卡→"外部"面板→"BIM 5D"下拉列表→"导出全部图元"命令（图 5.1）。

步骤二：导出设置

设置导出图元的保存路径和文件名称之后，单击"保存"按钮，会弹出"导出设置"对话框，下面以机电模型为例进行讲解。

（1）范围设置：首先进行楼层过滤，在"是否导出"列选择需要导出的楼层，其次在"专业选择"选项区域选择"机电专业"单选按钮，最后单击"下一步"按钮（图 5.2）。

（2）跨图层图元楼层设置：是将跨层图元根据实际情况进行层楼归属，可在"所属楼

项目5 BIM 5D的应用

图 5.1 "导出全部图元"命令

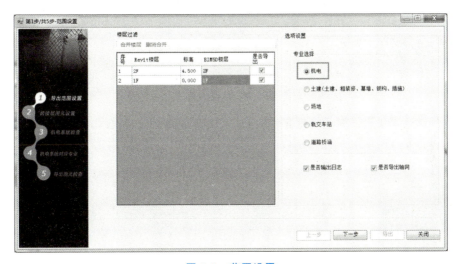

图 5.2 范围设置

层"中选择实际对应的楼层,如果默认归属楼层正确,则不需要调整。全部完成后,单击"下一步"按钮(图 5.3)。

图 5.3 跨图层图元楼层设置

(3) 系统检查:对于未定义的图元可为其指定系统(图 5.4)。

231

图 5.4 系统检查

(4) 系统对应专业：为系统指定专业后，该系统下的构件就会归属到所选择的专业中（图 5.5）。

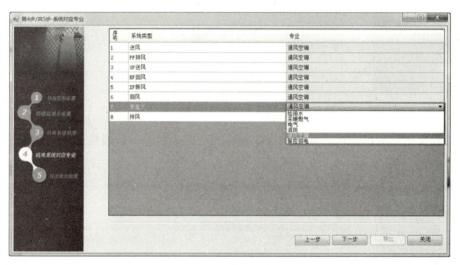

图 5.5 系统对应专业

(5) 图元检查："已识别图元"需要检查识别的专业和构件类型是否正确，将"多义性的图元"和"未识别的图元"对应到唯一的"BIM 5D 专业"和"构件类型"中（图 5.6）。图元检查设置完成后，单击"导出"按钮，即导出".e5d"转换文件格式。

建筑结构模型导出方式与机电模型导出方式一致，这里不再详细讲解。

3. 模型导入计算软件

步骤一：导出".gfc"文件

安装"广联达 GFC"插件后，打开 Revit 建筑模型，单击"广联达 BIM 算量"选项卡→"广联达土建"面板→"导出 GFC"命令（图 5.7），按照特别提示依次进行"楼层转化"和"构件转化"设置，单击"导出"按钮，设置图元的保存路径和文件名称后，单击"完成"按钮导出。

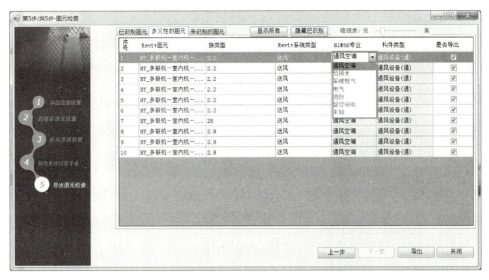

图 5.6 图元检查

图 5.7 导出 GFC

步骤二：导入 BIM 算量软件

打开广联达土建 BIM 算量软件，选择当地的计算规则，单击"BIM 应用"菜单→"导入 Revit 交换文件（GFC）"（对于初次使用者需要进行"广联云"账号的注册，注册登录后输入邀请码才能使用这一功能），在右侧的级联菜单中选择"单文件导入"或"批量导入"（图 5.8），选择之前导出的".gfc"文件即可完成。

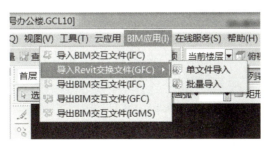

图 5.8 导入 ".gfc" 文件

步骤三：导出 ".igms" 文件

单击"BIM 应用"菜单→"导出 BIM 交换文件（IGMS）"选项（图 5.9），设置导出图元的保存路径和文件名称后，单击"保存"按钮，即可完成".igms"格式文件的导出。

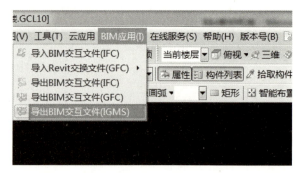

图 5.9　导出".igms"文件

步骤四：导入 BIM 5D 软件

模型导入以"广联达办公大厦"为例。打开 BIM 5D 软件，单击本地项目选项区域中的"新建项目"按钮，弹出"新建向导"对话框，输入工程名称"广联达办公大厦"，选择保存路径后，单击"完成"按钮（图 5.10），新建完成后会生成以工程命名的文件夹，包含"files"文件夹和".e5d"文件。

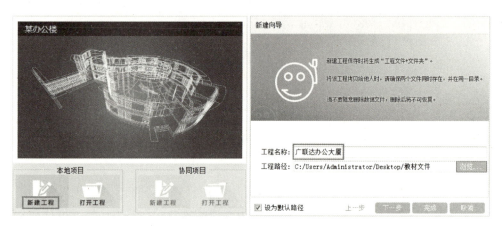

图 5.10　新建项目

特别提示

若要进行文件拷贝，需要将文件夹里的内容一起拷贝，即"files"文件夹和".e5d"文件一同拷贝，否则拷贝的文件无效。

步骤五：导入 BIM 5D 软件

打开 BIM 5D 软件，单击"数据导入"菜单→"模型导入"选项卡，单击"新建分组"命令，建立"建筑""结构""机电"三个分组，实现按专业管理模型文件（图 5.11）。

单击"建筑"专业名称，在该名称下单击"添加模型"命令，选择"广联达办公大厦 BIM 5D 标准工程.GCL10.igms"模型文件（图 5.12）。可用同样方法添加"结构""机电"两个专业的模型。

图 5.11　模型导入

图 5.12　添加模型

切换到"场地模型"可以添加不同阶段的场地模型，单击"新建分组"命令新建"基础阶段""主体阶段""粗装修阶段"。单击"添加模型"命令依次添加"基础阶段场地模型""主体施工阶段场地模型""粗装修阶段场地模型"等，添加完成后如图 5.13 所示。

4. 模型整合

切换到"模型导入"→"实体模型"窗口，单击"模型整合"命令，进入到模型整合界面。在楼层选项区域中选中"广联达办公大厦"的全部楼层复选框，显示实体模型，单击"场地模型"按钮，选择"基础施工阶段场地模型"选项，进入场地模型整合界面（图 5.14）。

图 5.13　场地模型

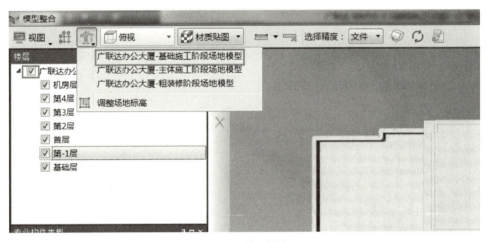

图 5.14　模型整合

单击"平移模型"命令,选择场地模型中的一个基准点,对应移动到实体模型中相同位置的基准点,移动完成后单击"应用"按钮,整合完成之后如图 5.15 所示。同样方法,在"主体施工阶段场地模型"与"粗装修施工阶段场地模型"界面中平移场地模型与实体模型整合。完成之后单击"退出"按钮。

特别提示

若要平移实体模型与场地模型整合,需要选择精度为"单体"。实体模型中含有"土建""结构""机电"专业,选择"单体"后可以将所有专业同时平移。

项目5　BIM 5D的应用

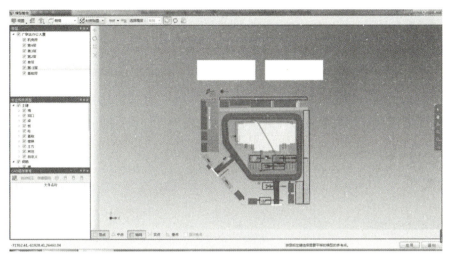

图 5.15　模型整合

做一做

练习平移实体模型与场地模型整合。

巩固与提升

（1）对照图 5.16，梳理自己所掌握的知识体系，并与同学相互交流、研讨个人对某些知识点或技能技巧的理解。

图 5.16　知识体系

（2）根据任务 5.1 的工作步骤及方法，利用所学知识将其他格式如 IFC 文件导入到 BIM 5D 中。

任务 5.2　管理进度

任务目标

通过本任务的学习，学生应达到以下目标。
（1）掌握划分流水段的方法。
（2）掌握进度计划的导入和模型关联的方法。
（3）掌握进度模拟的方法。

管理进度

237

> **任务内容**

作为项目组负责人，在编制主体部分施工的进度计划时，为了方便协同工作，实现流水作业施工，可以在 BIM 5D 软件中模拟模块导入任务，按分区划分流水段后与相应任务项关联，按要求设置关联关系，进行模拟，分析计划的可行性，以调整计划。

> **实施条件**

(1) BIM 5D 软件。
(2) Project 计划。

步骤一：划分流水段

单击"流水视图"模块，在"流水段定义"选项卡中单击"新建同级"命令，在弹出的"新建"对话框中选择"单体"单选按钮，选中"广联达办公大厦"复选框（图 5.17）。单击"新建下级"按钮，在弹出的对话框中单击"专业"单选按钮，选中"土建"复选框（图 5.18）。再次单击"新建下级"命令，在弹出的"新建"对话框中单击"楼层"单选按钮，选择"基础层"复选框（图 5.19）。同样方法新建土建专业的其他楼层。

图 5.17　流水视图

在"基础层"下单击"新建流水段"命令，将新建的流水段重命名为"基础层"（图 5.20）。单击"关联模型"命令进入"流水段创建"窗口，单击构件前面的锁头符号，锁定需要关联的构件类型，单击"画流水线框"按钮，按照流水分区绘制流水段线框，最后单击"应用"按钮，则流水段绘制成功（图 5.21）。

按照进度计划将基础层、-1 层和机房层划分一个流水段，1~4 层划分两个流水段，分别为 1 区和 2 区。创建两个流水段时要注意，可以在名称中输入流水段名字，如"1 层-1"。单击"轴网"按钮显示轴网，以⑤轴和⑥轴中点为分界线，精确画流水段线框，建立第一个流水段时单击"应用并新建"按钮，建立第二个流水段时单击"应用"按钮（图 5.22）。

项目5　BIM 5D的应用

图 5.18　新建下级

图 5.19　新建下级

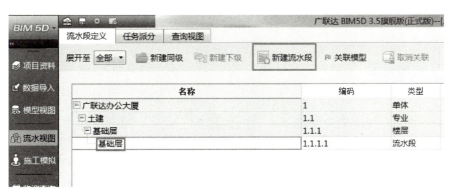

图 5.20　新建流水段

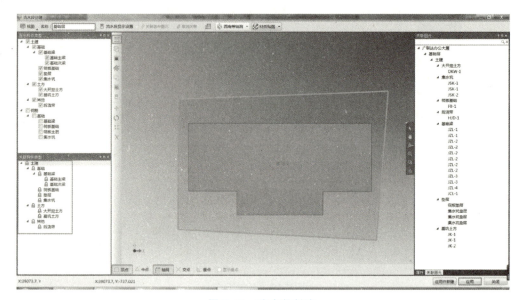

图 5.21 流水段创建

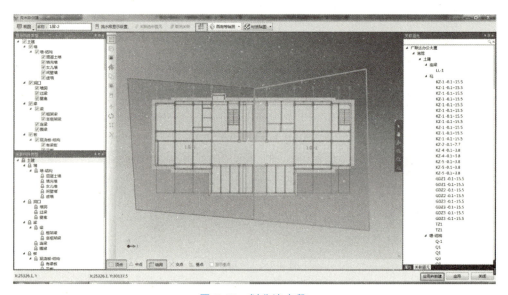

图 5.22 划分流水段

特别提示

若要准确选取⑤轴和⑥轴中点,可以在单击同时按下 Shift 键,弹出"偏移"对话框,输入具体的偏移量即可。

单击"复制到"命令,可以将已经关联好的流水段复制到具有相同流水段的楼层或专业(图 5.23),复制后需要单击"编辑流水段"按钮重新更改流水段的名称(图 5.24)。

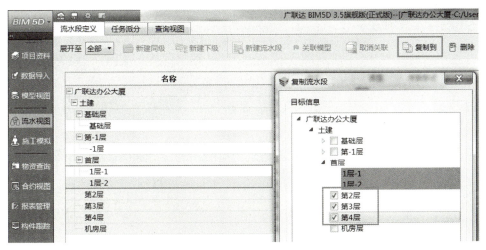

图 5.23 流水段复制

名称	编码	类型	关联标记
广联达办公大厦	1	单体	
土建	1.1	专业	
基础层	1.1.1	楼层	
基础层	1.1.1.1	流水段	
第-1层	1.1.2	楼层	
-1层	1.1.2.1	流水段	
首层	1.1.3	楼层	
1层-1	1.1.3.1	流水段	
1层-2	1.1.3.2	流水段	
第2层	1.1.4	楼层	
2层-1	1.1.4.1	流水段	
2层-2	1.1.4.2	流水段	
第3层	1.1.5	楼层	
3层-1	1.1.5.1	流水段	
3层-2	1.1.5.2	流水段	
第4层	1.1.6	楼层	
4层-1	1.1.6.1	流水段	
4层-2	1.1.6.2	流水段	
机房层	1.1.7	楼层	
机房层	1.1.7.1	流水段	

图 5.24 编辑流水段

步骤二：进度计划导入与模型关联

单击"施工模拟"模块，进入"进度计划"窗口，单击"导入进度计划"按钮，选择"广联达办公大厦进度图.zpet"文件（图 5.25）。在弹出的"导入进度计划"对话框中选择"计划时间"按钮开始导入，导入之前需要事先安装好相应的进度计划软件，才能导入成功。

选中其中一个任务单击"任务关联模型"按钮，进入到"任务关联模型"对话框中，单击"关联流水段"单选按钮，在"单体-楼层""专业""流水段""构件类型"选项区域设置如图 5.26 所示。单击"关联"按钮，在特别提示关联成功后，关联标志列会显示标志，相应的其他楼层的进度计划同以上步骤进行操作，完成的进度计划与模型的关联如图 5.27 所示。

图 5.25　导入进度计划

图 5.26　任务关联模型

	任务名称	关联标志	任务状态	前置任务	计划开始	计划完成	预计开始	预计完成	实际开始	实际完成	模拟颜色	里程碑	关键任务
1	土方开挖、垫层施工		未开始		2016-09-18	2016-09-21	2016-09-18	2016-09-21					☑
2	筏板基础施工		未开始	1FS	2016-09-22	2016-09-24	2016-09-22	2016-09-24					☑
3	基础梁施工		未开始	2FS	2016-09-25	2016-09-26	2016-09-25	2016-09-26					☑
4	后浇带施工		未开始	3FS	2016-09-27	2016-10-02	2016-09-27	2016-10-02					☑
5	-1层竖向构件施工		未开始	4FS	2016-10-03	2016-10-06	2016-10-03	2016-10-06					☑
6	-1层横向构件施工		未开始	5FS	2016-10-07	2016-10-10	2016-10-07	2016-10-10					☑
7	首层1区竖向构件施工		未开始	6FS	2016-10-11	2016-10-20	2016-10-11	2016-10-20					☑
8	首层1区横向构件施工		未开始	7FS	2016-10-21	2016-10-30	2016-10-21	2016-10-30					☑
9	首层2区竖向构件施工		未开始	7FS	2016-10-21	2016-10-30	2016-10-21	2016-10-30					☑
10	首层2区横向构件施工		未开始	8FS,9FS	2016-10-31	2016-11-09	2016-10-31	2016-11-09					☑
11	二层1区竖向构件施工		未开始	8FS,9FS	2016-10-31	2016-11-09	2016-10-31	2016-11-09					☑
12	二层1区横向构件施工		未开始	11FS,10FS	2016-11-10	2016-11-19	2016-11-10	2016-11-19					☑
13	二层2区竖向构件施工		未开始	11FS,10FS	2016-11-10	2016-11-19	2016-11-10	2016-11-19					☑
14	二层2区横向构件施工		未开始	12FS,13FS	2016-11-20	2016-11-29	2016-11-20	2016-11-29					☑
15	三层1区竖向构件施工		未开始	12FS,13FS	2016-11-20	2016-11-29	2016-11-20	2016-11-29					☑
16	三层1区横向构件施工		未开始	15FS,14FS	2016-11-30	2016-12-09	2016-11-30	2016-12-09					☑
17	三层2区竖向构件施工		未开始	15FS,14FS	2016-11-30	2016-12-09	2016-11-30	2016-12-09					☑
18	三层2区横向构件施工		未开始	16FS,17FS	2016-12-10	2016-12-19	2016-12-10	2016-12-19					☑
19	四层1区竖向构件施工		未开始	16FS,17FS	2016-12-10	2016-12-19	2016-12-10	2016-12-19					☑
20	四层1区横向构件施工		未开始	19FS,18FS	2016-12-20	2016-12-29	2016-12-20	2016-12-29					☑

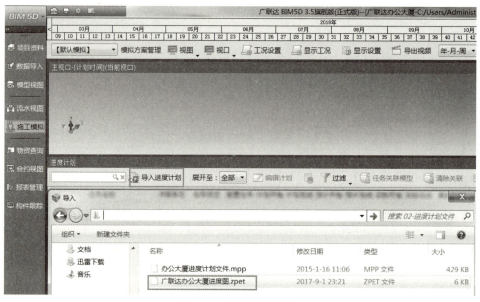

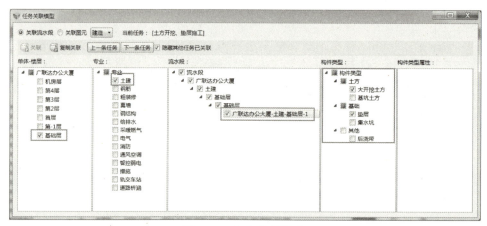

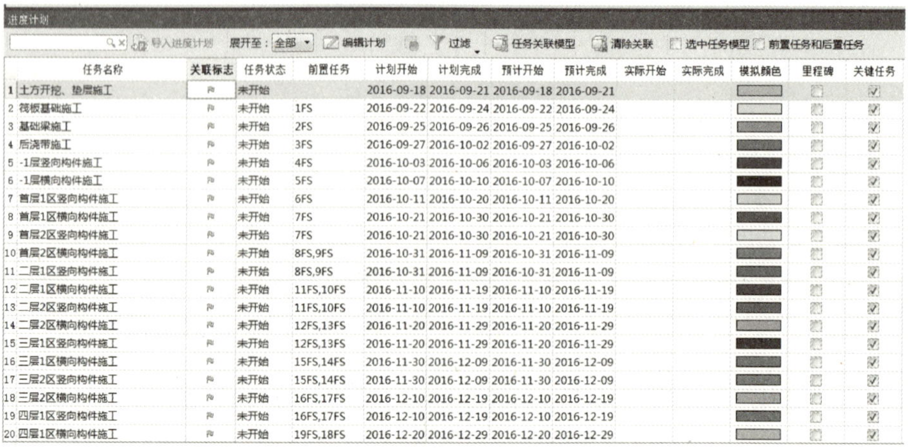

图 5.27　进度计划与模型的关联

> **做一做**
>
> 尝试用"关联图元"命令进行进度计划与任务模型的关联。

步骤三：进度模拟

进度关联模型成功后，软件默认视口为默认模拟，在视口蓝色区域中右击选择"视口属性"选项，在弹出的"视口属性设置"对话框（图5.28）中设置"时间类型""显示设置""显示范围"选项区域，完成后单击"确定"按钮。

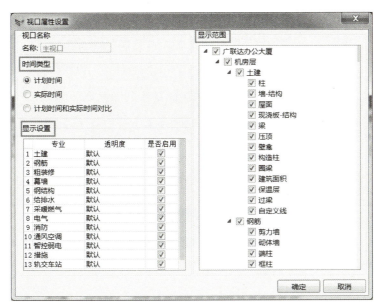

图 5.28 视口属性设置

在时间轴上右键选择"按进度选择"选项，时间轴中进度部分被标注成橘红色，可以选择按"年-月-周"或按"年-月-日"播放动画，动画包括"播放""暂停""停止""加速""减速"功能，单击"播放"按钮可以查看项目的施工模拟动画（图5.29）。

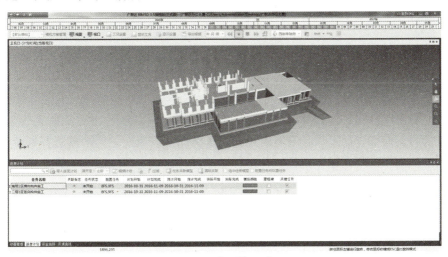

图 5.29 施工模拟动画

做一做

根据以上步骤尝试将1～5层划分为3个流水段，然后进行进度模拟。

巩固与提升

（1）对照图5.30，梳理自己所掌握的知识体系，并与同学相互交流、研讨个人对某些知识点或技能技巧的理解。

图5.30 知识体系

（2）根据任务5.2的工作步骤及方法，利用所学知识，尝试工期延迟或提前的进度模拟。

任务5.3 管理预算文件

任务目标

通过本任务的学习，学生应达到以下目标。
（1）掌握清单关联的方法。
（2）掌握项目资金计划的表示方法。
（3）掌握资金曲线的导出方式。

任务内容

作为项目经理，需要了解项目各个关键时间节点的项目资金计划，分析工程进度资金投入计划，并根据计划合理调整资源，保证工程顺利实施。采用BIM结合现场施工进度，提取项目的各时间节点的工程量及材料用量。资金计划以曲线表的形式进行展示，可以十分直观地反映项目的资金运作情况，并进行资源分析，以辅助编制项目资金计划。

实施条件

（1）BIM 5D软件。
（2）相关模型。

步骤一：清单匹配

单击"数据导入"→"预算导入"选项卡（图5.31），在"合同预算"选项区域中单击"添加预算书"命令，在弹出的对话框中选择默认的"GBQ预算文件"选项，添加"广联达办公大厦建筑工程计价文件"的预算文件书。

清单匹配与关联

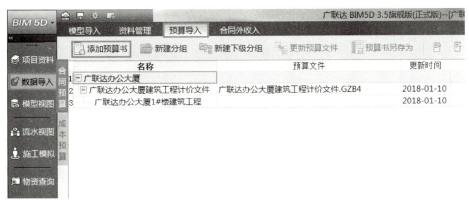

图5.31 "预算导入"选项卡

在"预算导入"选项卡中单击"清单匹配"命令，弹出"清单匹配"对话框，在"预算清单"列单击"编码"列下方"请双击此处选择预算文件"后面的展开按钮（图5.32），弹出"选择预算书"对话框，选中已经添加的广联达办公大厦建筑工程计价文件复选框（图5.33）。

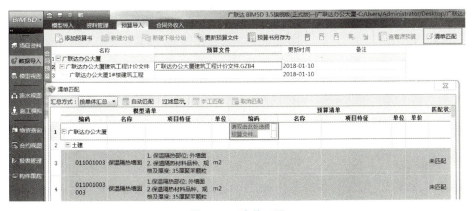

图5.32 清单匹配

预算清单选择完成后，在"清单匹配"对话框中单击"自动匹配"按钮，在弹出的对话框中选中"清单类型""匹配规则"和"匹配范围"，即完成清单与模型的自动匹配（图5.34）。

对于未匹配的清单项，单击"手工匹配"按钮，在"选择预算清单"选项卡中单击"条件查询"子选项卡，在"名称"框输入相应的名称，单击"查询"按钮，在右侧窗口中会出现相对应的清单，选择名称相同的清单，单击"匹配"按钮，即完成手工匹配（图5.35）。

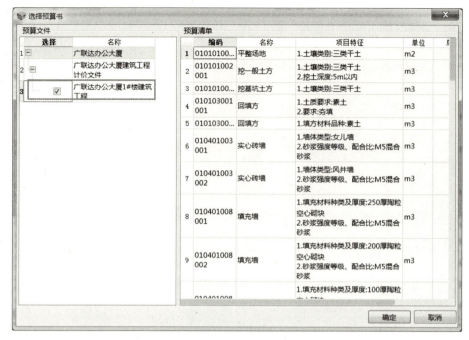

图 5.33 选择预算书

图 5.34 清单与模型的自动匹配

步骤二：清单关联

在"数据导入"模块→"预算导入"选项卡→"合同预算"选项区域中单击"清单关联"命令，在弹出的"清单关联"窗口中找到"钢筋工程"，选择"010515001001"钢筋工程量清单（图 5.36）。

在该工程量清单下，单击"属性范围"中的"专业"下拉菜单，选择"钢筋"专业。在钢筋专业中，"属性值"中"构件类型"全选，"单体-楼层"全选，"直径"选择"6"（图 5.37）。

246

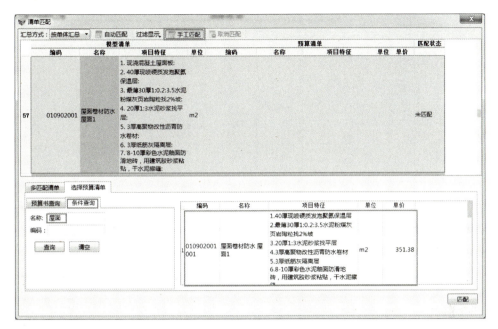

图 5.35　手工匹配

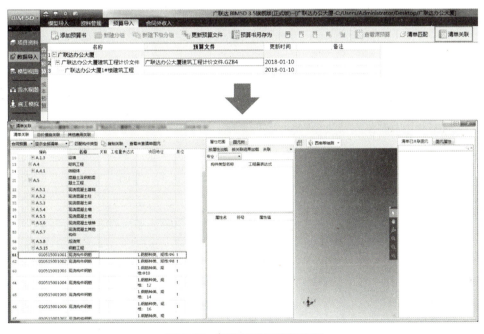

图 5.36　钢筋工程量清单关联

单击"属性范围"中"按属性加载"按钮，出现模型后单击"关联"按钮，完成关联后，弹出"清单工程量单位与模型工程量表达式单位不一致，请在工程量表达式中输入转换关系"提示框，单击"确定"按钮，在"工程量表达式"属性值中修改"ZL"为"ZL/1000"（图 5.38）。

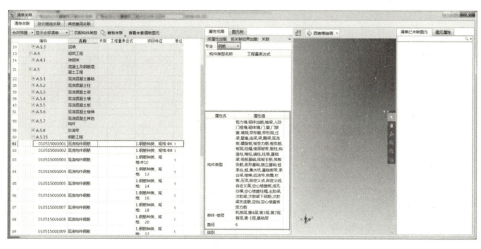

图 5.37　属性范围

图 5.38　修改工程量表达式

步骤三：用曲线表展示项目资金计划

在"施工模拟"模块中单击"视图"下拉菜单，选中需要查看的选项，则在界面下方会显示该项功能标签（图 5.39）。

单击屏幕下方"费用预计算"命令，选择时间轴，再单击"刷新曲线"命令，则出现所选时间段内资金曲线（图 5.40）。单击"导出图表"命令，弹出"导出资金图表"对话框，输入文件名，单击"保存"即可。

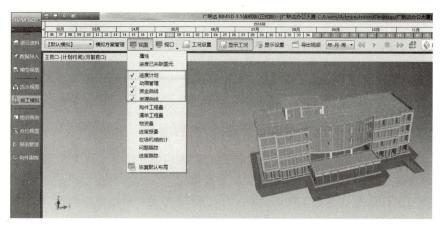

图 5.39　视图选项

项目5　BIM 5D的应用

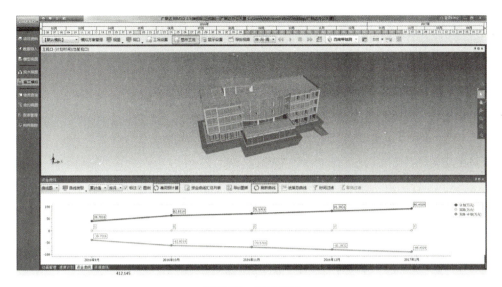

图 5.40　资金曲线

做一做

根据以上步骤尝试进行资金曲线设置。

巩固与提升

（1）照图 5.41，梳理自己所掌握的知识体系，并与同学相互交流、研讨个人对某些知识点或技能技巧的理解。

图 5.41　知识体系

（2）根据任务 5.3 的工作步骤及方法，利用所学知识，尝试制作施工过程中的资金预计投入和预计收入的对比分析。

拓展讨论

党的二十大报告指出，强化企业科技创新主体地位，发挥科技型骨干企业引领支撑作用，营造有利于科技型中小微企业成长的良好环境，推动创新链产业链资金链人才链深度融合。BIM 5D 软件是我国企业自主研发的，从这些企业的发展历史和成果中你有什么样的体悟？

项目 6 BIM 深化运用

学习目标

知识目标	技能目标	素质目标
1. 了解运用 BIM 技术进行结构分析的方法 2. 了解运用 BIM 技术进行绿色建筑评价的方法	1. 能够运用 BIM 技术对结构模型进行受力和性能分析,并导出分析结果 2. 能够运用 BIM 技术进行绿色建筑的性能评价并导出评价成果	1. 能够关注行业发展和技术创新,培养科学探索的精神 2. 培养与时俱进的时代精神,树立产业报国的远大理想 3. 树立生态优先、节约集约、绿色低碳发展的理念,培养建设美丽中国的情怀

知识导入

党的二十大报告提出,建设现代化产业体系。坚持把发展经济的着力点放在实体经济上,推进新型工业化,加快建设制造强国、质量强国、航天强国、交通强国、网络强国、数字中国。作为建筑工业走向数字化的重要技术之一,越来越多的项目要求必须使用 BIM。通过 Revit 不但可以用来创建物理模型,还可以创建结构分析模型,如构建边界条件、结构荷载、梁分析模型、柱分析模型、楼板分析模型等,承载这些信息的模型就是结构分析模型。但是 Revit 本身不具备结构分析功能,其结构分析的实现,需要通过和第三方结构分析软件之间的结合来完成,如 Robot Structural Analysis、ETABS、PKPM 等。对于专门的结构分析软件,不在本书详细介绍。本书只介绍结构参数的设置、结构荷载、结构分析模型的查看和编辑、Revit 和结构分析软件之间的数据交换。

项目6 BIM深化运用

任务 6.1 BIM 与结构分析

任务目标

通过本任务的学习，学生应达到以下目标。
(1) 了解结构设定方法。
(2) 了解如何设定结构荷载。
(3) 了解如何进行边界设定。

任务内容

用建立完成的 Revit 结构设计模型进行结构构件、荷载工况及受力边界设定，并用此模型进行模型检查。

实施条件

(1)《建筑结构荷载规范》(GB 50009—2012)。
(2) 建立完成的 Revit 结构设计模型。
(3) Revit 软件。

任务 6.1.1 设置结构参数

在操作结构分析模型之前，首先来设置以下结构参数，它们将会影响结构分析模型，这些结构参数设置主要包括以下几个方面：符号表示法设置、荷载工况、荷载组合、分析模型设置和边界条件设置。

步骤一：符号表示法设置

单击"管理"选项卡→"结构设置"命令，在弹出的"结构设置"对话框中选择"符号表示法设置"选项卡（图 6.1）。在项目 2 的结构框架中已经对其设置所起的作用做过介绍，本项目中不再重复介绍。

步骤二：荷载工况

在"结构设置"对话框中选择

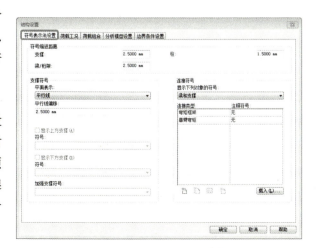

图 6.1 结构设置

"荷载工况"选项卡,"荷载工况"和"荷载性质"列表框中分别默认设置了 8 项内容,可以添加新的"荷载工况"和"荷载性质"。先在"荷载性质"中添加新的类型,可以通过单击"添加"按钮添加新的类型,并修改名称。之后在"荷载工况"列表框中添加,选择性质时会出现"荷载性质"中新添加的类型,最后单击"确定"按钮,这样在荷载输入时才能被应用(图 6.2)。例如,为了给项目添加碰撞荷载,可在"荷载工况"中添加荷载工况"碰撞",此时在输入荷载时即可选择"碰撞"选项。

图 6.2　荷载工况

步骤三:荷载组合

"荷载组合"对话框可以设置荷载组合的公式、类型、状态和用途。类型有"叠加"和"包络"两种类型,状态有"正常使用极限状态"和"承载能力极限状态"两种状态,用途可以用户自己创建。所有添加的荷载组合,都会完整地传递给第三方结构分析软件(图 6.3)。

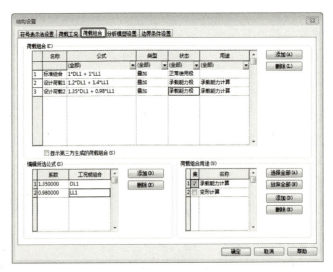

图 6.3　荷载组合

添加新的组合时，首先单击"荷载组合"列表框旁的"添加"按钮，并更改名称。在"编辑所选公式"列表框旁单击"添加"按钮，按项目荷载需求编辑系数和工况或组合。之后在"荷载组合"列表框的类型中选择"叠加"或"包络"，在状态下选择"正常使用极限状态"或"承载能力极限状态"。在"荷载组合用途"列表框旁单击"添加"按钮，按项目实际需求填写用途名称，选中所需用途，则会出现在"荷载组合"列表框的用途一列中。

步骤四：分析模型设置

"分析模型设置"选项卡下的参数用于设置软件检查结构分析模型的容许误差等。如果选中了"自动检查"选项区域的"构件支座"和"分析/物理模型一致性"复选框（图6.4），在结构模型创建和变更的过程中，当超过了"允差"选项区域中设置的某项限制时，软件就会弹出警告提示框，特别提示用户有某项指标超出允许误差（图6.5）。

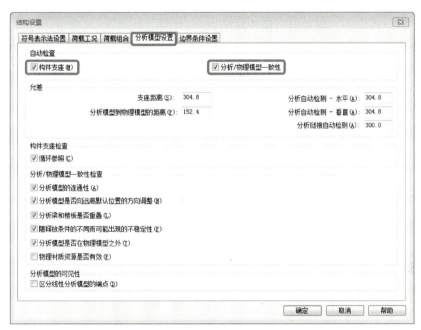

图 6.4　分析模型设置

图 6.5　警告

如果不选中"自动检查"选项区域中的"构件支座"和"分析/物理模型一致性"复选框，也可以通过单击"分析"选项卡→"分析模型工具"面板→"检查构件支座"或"分析一致性检查"命令来完成分析模型的检查。

步骤五：边界条件设置

"边界条件设置"用于设置结构边界条件的表情符号，它们所表示的族文件符号如图6.6所示。

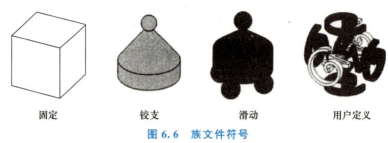

| 固定 | 铰支 | 滑动 | 用户定义 |

图 6.6　族文件符号

任务 6.1.2　结构分析模型

结构分析模型是 Revit 和结构分析软件数据传递的载体，Revit 在创建实体模型的同时，会自动创建和实体模型一致的结构分析模型，用户仅需做适当的可见性设置，就能检查并修改结构分析模型。物理模型用于向用户提供实体模型，指导施工、材料统计、投资预算等；分析模型用于结构分析和计算，提供结构计算所需要的结构信息。

步骤一：梁、支撑和结构柱的分析模型

在创建结构平面视图、新建物理模型的同时，可以新建一个带有"分析"的结构分析模型，以便检查和修改结构分析模型（图 6.7）。结构分析模型和结构物理模型含有相同的信息，只是显示的信息不同，可通过"可见性"设置在各类模型中需要显示的信息。如图 6.8 和图 6.9 所示，分别为结构物理模型和结构分析模型。

图 6.7　创建结构分析模型　　　　图 6.8　结构物理模型

单击"结构设置"对话框→"分析模型设置"选项卡，选中最下面的"区分线性分析图元的端点"复选框来改变是否区分起点和终点。默认状态下，梁的模型为三段颜色的不同的线，绿色表示起点，红色表示终点，橘黄色表示梁主体（图 6.10）。如果不选中"区分线性分析图元的端点"复选框，将不区分起点和终点，整根梁的分析模型都是橘黄色的。

默认状况下，梁的分析模型始终位于物理模型的顶面，不会随着物理模型"认向对正"方式的改变而改变。如果需要调整梁的分析模型相对于物理模型的位置，可通过选中梁的分析模型，在"属性"对话框中分别设置起点和终点对齐方式（图 6.11）。梁的分析模型相对于物理模型的位置，对梁的物理模型没有影响，但它会影响传递到结构分析软件中的模型位置。默认状态下，Revit 中的梁的分析模型会被当作分析软件中梁的中心线传递。

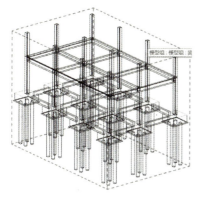

图 6.9　结构分析模型

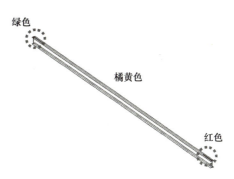

图 6.10　区分线性分析图元的端点

在梁分析模型的"属性"对话框中，还可以看到和分析相关的一些参数，包括分析模型、分析属性、分析平差和释放/杆件力等（图 6.11）。对于约束释放，程序已经自动设置了约束释放方式（固定、铰支和滑动），当将约束方式设置为"用户定义"时，用户可定义自己的约束释放方式。

图 6.11　分析梁的属性

支撑和结构柱的分析模型与梁的分析模型设置基本一致，在此不再赘述。

步骤二：板分析模型

选中板的分析模型（图 6.12），在"分析"选项卡→"分析模型工具"面板中，可以用"调整"和"重设"命令，对板的分析模型进行编辑（图 6.13），在"属性"对话框中可设置板的分析类型及板的其他属性（图6.14）。

图6.12　板的分析模型

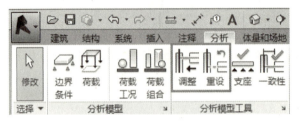

图6.13　"调整"和"重设"命令

图6.14　板的分析模型属性

单击"视图"选项卡→"图形"面板→"可见性/图形"命令，在弹出的"三维视图：{三维}的可见性/图形替换"对话框中单击"分析模型类别"选项卡（图6.15），可以控制当前视图的各构件分析模型的显示情况。同时也可通过视图控制栏"分析模型的可见性"控制按钮来设置分析模型可见性。

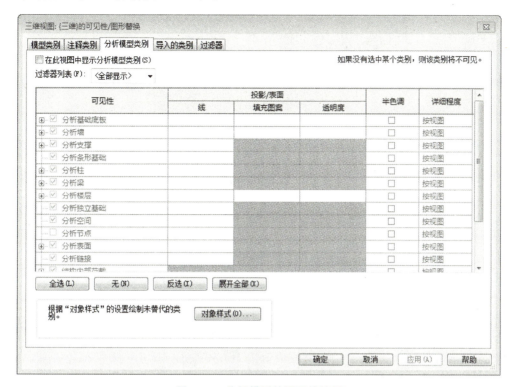

图 6.15 分析模型的可见性控制

对于结构板、结构墙、板基础等面形分析模型,需要将"视觉样式"设置为"着色"或者"一致的颜色"(图 6.16),才可以显示分析模型设置的视觉效果(图 6.17、图 6.18)。

图 6.16 视觉样式

步骤三:分析模型的调整

在分析模型视图下,单击"分析"选项卡→"分析模型工具"面板→"调整"命令,在绘图区域各线性结构件的端点会出现分析节点(图 6.19)。在绘图区域,单击选中任意一个分析节点,即出现该分析节点的局部坐标系,按 Space 键可改变坐标表示符号,可通过拖动局部坐标系各方向来改变分析节点的位置,节点可任意方向拖动,拖动单个坐标方向轴可在该坐标轴上改变节点位置,对分析模型的修改和对物理模型的修改相似,也可以采用"对齐"等命令。

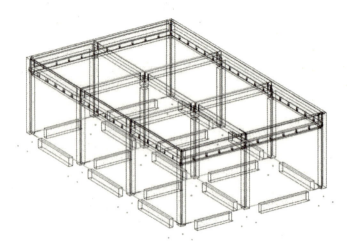

图 6.17 "着色"视觉效果

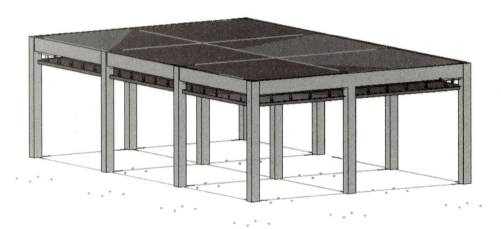

图 6.18 "一致的颜色"视觉效果

图 6.19 分析节点

 **特别提示**

此处改变的仅为结构分析模型，各构件的物理模型位置不会随之调整。

步骤四：调整边界条件

由于 Revit 提供了固定、铰支、滑动和用户定义四种边界条件，因此用户不仅可以通过选中结构构件，为构件设置约束释放条件，还可以直接为构件添加边界条件。

在功能区依次单击"分析"选项卡→"分析模型"面板→"边界条件"命令，在"属性"对话框中可以选择边界条件类型。选择边界条件类型后，即可在绘图区域添加边界条件，图 6.20 中所示为"固定"时的情况，所添加的边界都会被传递到结构分析软件中。

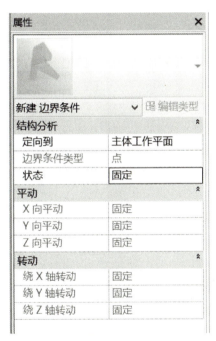

图 6.20 边界条件类型

步骤五：调整结构荷载

Revit 中在默认状态下提供了 8 种不同的荷载性质，即恒荷载、活荷载、风荷载、雪荷载、屋顶荷载、偶然荷载、温度荷载、地震荷载，此外，用户还可以添加新的荷载性质。

单击"分析"选项卡→"分析模型"面板→"荷载"命令，在弹出的"修改|放置 荷载"选项卡→"荷载"面板可以看到如图 6.21 所示的命令，包括点荷载、线荷载、面荷载、主体点荷载、主体线荷载和主体面荷载 6 种类型，选择要添加的荷载类型。

以线荷载为例，在图 6.21 所示的面板中选择"线荷载"命令，在"属性"对话框线荷载的参数中设置荷载工况、定向类型、荷载值的大小等，还可以设置是否为均布荷载。当选中"均布负载"复选框时，只能输入起点的大小和弯矩；当不选中"均布负载"复选框时，可同时改变起点和终点的大小（图 6.22）。

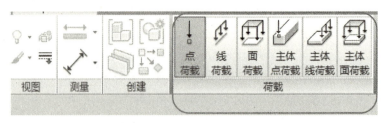

图 6.21 荷载

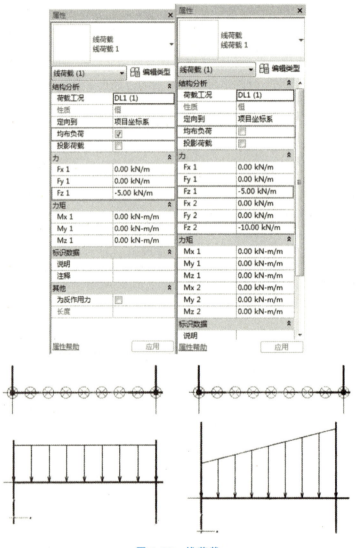

图 6.22 线荷载

单击"属性"对话框的"编辑类型"按钮,弹出"类型属性"对话框(图 6.23),可编辑线荷载的符号表示。

主体线荷载在输入时需要选择附着线荷载的主体,其余设置和普通线荷载的设置相同。点荷载和面荷载的设置方法与线荷载的设置相同,可自行设置添加。添加完各种荷载的结构如图 6.24 所示。

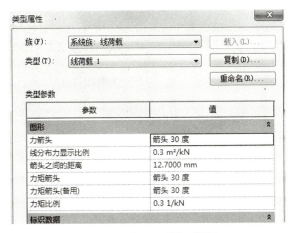

图 6.23 "类型属性"对话框

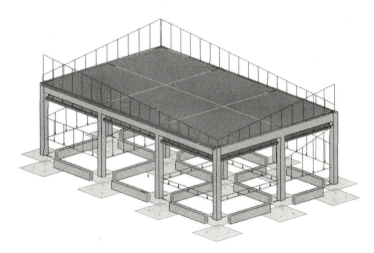

图 6.24 添加完各种荷载的结构

步骤六：模型检查

打开已经建成的结构模型设置检查允差和检查项目。单击"管理"选项卡→"设置"面板→"结构设置"命令，在弹出的"结构设置"对话框中选择"分析模型设置"选项卡，根据实际工程需要设置合适的允差数值（图 6.25）。

单击"分析"选项卡→"分析模型工具"面板→"分析一致性检查"命令，检查完毕后会弹出如图 6.26 所示的"警告"对话框。在"警告"对话框中，单击右侧的"展开警告对话框"按钮，会弹出详细报告，可根据警告内容对模型进行修改（图 6.27）。

至此 Revit 中关于结构模型的建立和修改工作已全部完成。

步骤七：数据交互

目前可以和 Revit 进行数据交互的结构软件很多，国外软件有 Robot Structural Analysis、ETABS、Tekla 等，国内软件有 PKPM、盈建科等。无论哪种软件，都需要相应的软件商提供各自的插件，安装在 Revit 程序中使用。

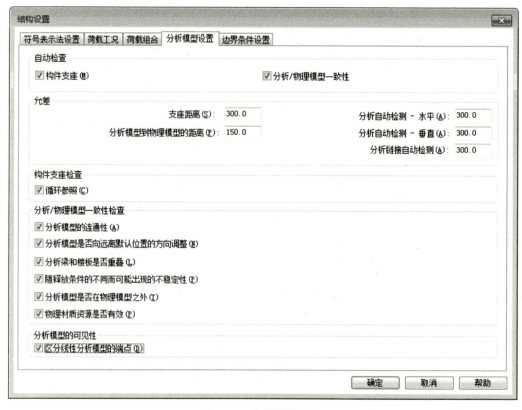

图 6.25　分析模型设置

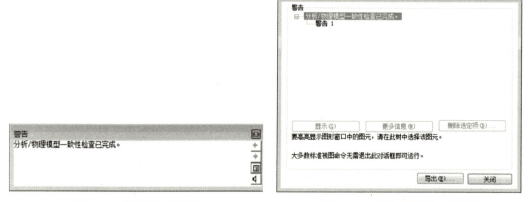

图 6.26　"警告"对话框　　　　　图 6.27　展开"警告"对话框

巩固与提升

（1）对照图 6.28，梳理自己所掌握的知识体系，并与同学相互交流、研讨个人对某些知识点或技能技巧的理解。

（2）尝试根据"主题教育馆结构图纸设计说明"和现行规范，将主题教育馆结构模型进行结构设计分析。

知识点	• 关键命令
设置结构参数	• 荷载工况，荷载组成，边界设定
分析结构模型	• 分析竖向构件，分析横向构件，调整荷载
导出计算结果	• 数据交互

图 6.28　知识体系

任务 6.2　BIM 与绿色建筑

任务目标

通过本任务的学习，学生应达到以下目标。
(1) 了解绿色建筑的概念。
(2) 了解节能分析的概念。
(3) 掌握 Revit 向节能模型转换的方法。

任务内容

用本书所提供的案例模型，转化为绿色建筑所需的节能模型。

实施条件

(1) 本书案例所需建筑施工图。
(2) Revit 软件。
(3) 节能分析软件。

任务 6.2.1　绿色建筑

绿色建筑是指在建筑全生命期内，最大限度地节约资源（节能、节地、节水、节材）、保护环境、减少污染，为人们提供健康、适用和高效的使用空间，与自然和谐共生的建筑。我国出台了《绿色建筑评价标准》（GB/T 50378—2019）来鼓励和倡导绿色建筑的设计、施工和运营。BIM 技术的应用在绿色建筑的全生命周期中发挥了至关重要的作用。其深刻的含义是为了达到以下目标。
(1) 有效率地使用能源、水及其他资源。
(2) 保留自然环境并促进生物多样性。
(3) 保障室内健康环境及改善工作生产力。
(4) 降低废弃物量、污染及环境恶化。

在这些目标中，良好的建筑能源使用效率可以说是绿色建筑的基础，因为能源使用效率不佳的建筑物，其环境负荷将随时间的增加而增加，无法达到可持续运行的目的。为了改善建筑物的能源性能，需要考虑建筑形态、灯光照明、机械设备与使用策略，这些都会影响建筑能耗的最佳化。因此，为了理清这些因素对于建筑能耗造成的交互影响，使用计算机与能源模拟工具软件来模拟未来的建筑能耗情境显得尤为重要，以便进一步分析不同的建筑方案，并将最佳化后的方案回馈到建筑设计中。

在整个建筑设计过程中，若能进行建筑能耗最佳化的分析与讨论，便可大幅降低后期运营成本，而这也是 BIM 技术的重要优势，即应用 BIM 技术在方案设计时掌握建筑物的全生命周期耗能情况，确保项目后期达到节能的目标。图 6.29 所示为绿色建筑在全生命周期的运行流程。一般来说，绿色建筑的前期投资费用会较高，然而，若能使用 BIM 技术来进行能源分析设计及相关工程管理，这些投资费用将可回馈在以下几个方面。

（1）获得绿色建筑标识能够得到国家补贴。
（2）采取正确的节能设备规格而降低工程成本。
（3）减少设计变更。
（4）预测并降低未来运营及维护的能耗成本。
（5）改善环境空间的性能。

因此在建筑设计初期，应用 BIM 技术针对建筑性能进行模拟分析，以提升建筑物的性能，降低所使用的环境资源成本，对建筑物未来的可持续发展大有裨益。

图 6.29　绿色建筑在全生命周期的运行流程

任务 6.2.2　节能分析

建筑节能的设计与分析，涉及建筑方位、建筑单体与空间的安排，如开口面积、开口部位玻璃及其材质、外墙构造与材料、屋顶构造与材料、帷幕墙、风向与气流的运用、空调与冷却系统的运用、能源与光源的管理运用、太阳能的运用等。BIM 技术的应用，大大提升了建筑物节能设计的品质，这也是 BIM 技术在绿色建筑领域最主要的应用亮点。目前已有许多能源分析模拟插件可与 Revit 搭配使用，来对具有节能性能的构件（绿墙、绿屋顶、太阳能光电板或其他被动式节能构件）或设施（主动式节能控制装置）进行不同详细程度的分析。虽然相关的软件工具与技术已越来越成熟，但模拟节能元件及设施，尤其是相关模拟参数的设定依旧相对困难。另外，此类分析的复杂程度与计算量通常不低，而目前也还没有足够的实际案例能够验证能源分析模型与工具在不同情境下的精确度。这些都是未来还需要继续努力之处。

在建筑物节能分析方法中，建筑能效模拟可以用来评估建筑能效性能与机械设备的容量设计，而建筑节能模型可以让设计团队评估不同设计的能耗差异，以发展出更具有节能效率的建筑形式与设计策略。对于新建的建筑物来说，如何准确地分析与预测建筑物实际运转的能耗表现，是建筑能源最大的挑战。而对于既有建筑物来说，则是要思考如何持续、即时地运用能效模拟分析与实测资料进行比对，以预测未来能耗。

一般而言，进行建筑能效模拟时，需在分析软件中输入建筑几何模型、气候资料、机电系统资料、运营策略和运转时效、模拟参数等信息，才能得到能效模拟结果。建筑几何模型可以由 BIM 模型提供；气候资料可以使用软件搭配的资料库，或是以 NASA 提供的全球气候资料作为参考；机电系统资料依据预期采用的机电系统种类进行搜集，如空调系统的室内负荷需要依据室内人数、照明量等进行估算；运营策略和运转时效是针对未来建筑的使用特性来判断，如建筑若是住宅或是商业办公大楼，则其能源使用情况与每周运营的时间分布皆为不同的情境；模拟参数是针对特定应用的模拟分析进行设定，在进行能效模拟时，不一定会同时取得所有的资料，因此在执行能效模拟时，需要详细地汇整所有会影响分析目标的输入资料。对于无法取得实际资料的数据，则需要找寻合理的参数值或是数值范围。设计者可使用基于科学化的模拟分析资料进行设计决策。

在日照分析方面，可做满窗日照分析来探讨建筑窗户开口的视野，就开窗位置、开窗尺寸进行分析，主要分析的是室内空间对于通风与采光的改善方案；在日光利用方面，人工照明配置可以搭配日光利用的分析，根据专业模拟软件模拟室内环境照度的分析，进而通过设计来满足室内空间所需的照明量，并评估所耗电量；在空调设备的配置方面，依据建筑体量与使用说明书，以建筑能效模拟软件配置空调设备，接着再计算出空调负荷与耗电量，并提出可能的改善策略，如采用 VRV 系统、调整运营策略和运转时效；在绿化方面，计算人居绿化面积、乔灌比例、铺装面积等，如应用太阳辐射分析可找出光照充足的区域，在该处进行绿化设计，即可减少太阳辐射对建筑物的影响；在再生能源方面，可使用太阳辐射分析，找出建筑模型外壳吸收到太阳辐射较高的部位，在该处装设太阳能光电板可产生较多的发电量（除了应用太阳辐射分析间接找出建议设置部位外，亦可使用专业分析软件进行太阳能光电板发电量模拟，以此发电量搭配空调与照明耗电量计算，则可初步推算出投资太阳光电板的回收年限）。

任务 6.2.3　节能模型转换

目前市场上已有相当数量的节能分析和设计软件，本任务中使用中国建筑科学研究院开发的 PBECA 软件讲解 BIM 模型向节能模型转换的方法。

步骤一：运行 PBECA 软件

下载并运行"PbecaAddinRevit.exe"和"PbecaAddinRevitCMD.exe"程序（图 6.30）。

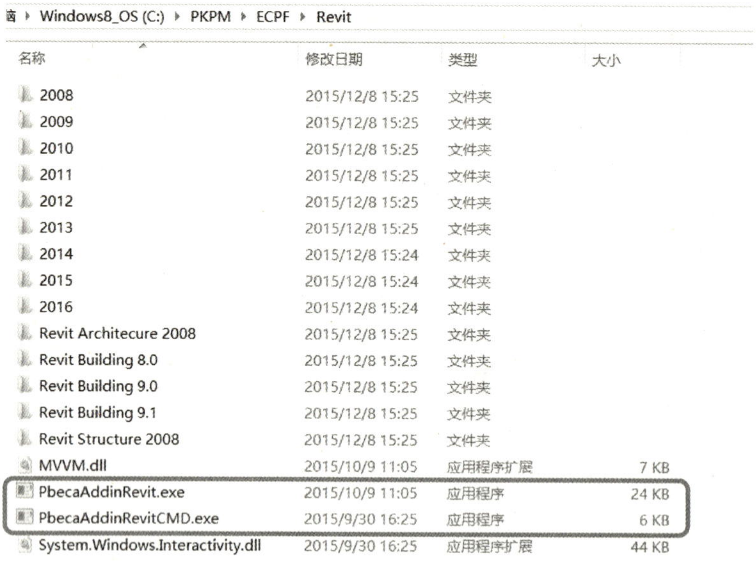

图 6.30　PBECA 软件文件夹

步骤二：导出".brc"文件

打开 Revit 软件，单击"附加模块"选项卡→"外部"面板→"外部工具"命令→"导出到 PBECA"选项（图 6.31），在弹出的"导出 BRC 文件"对话框中选择要导出的标高前的复选框，单击"导出"按钮，在弹出的"另存为"对话框中输入文件名称，单击"保存"按钮（图 6.32）。

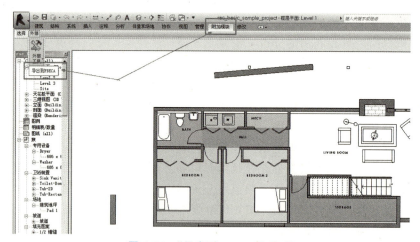

图 6.31　"导出到 PBECA"选项

步骤三：导入".brc"文件

打开 PBECA 节能软件，单击"模型导入"选项卡→"三维导入"面板→"Revit"命令，在弹出的"打开"对话框中选择从 Revit 中导出的".brc"文件，完成节能模型的转换（图 6.33）。

项目6 BIM深化运用

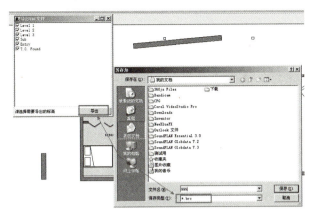

图 6.32 导出".brc"文件

图 6.33 三维导入

做一做

下载节能分析软件,并尝试将 Revit 模型转化到节能分析软件中进行计算分析。

巩固与提升

(1) 节能计算软件可以导入 Revit 模型软件,极大地提高了效率,并且增加了 BIM 技术的适用性。

(2) 尝试根据"主题教育馆结构图纸设计说明"和现行规范,将主题教育馆建筑模型进行节能计算分析。

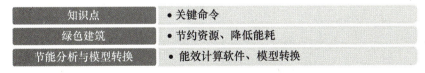

图 6.34 三维导入

拓展讨论

在我国碳达峰、碳中和的总体目标下,发展绿色建筑的意义是什么?你了解哪些绿色建筑技术?

267

参 考 文 献

Autodes Asia Pte Ltd,2012. Autodesk Revit Structure 2012 应用宝典 [M]. 上海：同济大学出版社.
Autodesk,Inc,2014. Autodesk Revit Mep 2014 管线综合设计应用 [M]北京：电子工业出版社.
楚仲国,王全杰,王广斌,2017. BIM 5D 施工管理实训 [M]. 重庆：重庆大学出版社.
范文利,朱亮东,王传慧,2017. 机电安装工程 BIM 实例分析 [M]. 北京：机械工业出版社.
韩风毅,薛菁,2017. BIM 机电工程模型创建与设计 [M]. 西安：西安交通大学出版社.
何波,2015. Revit 与 Navisworks 实用疑难 200 问 [M]. 北京：中国建筑工业出版社.
黄亚斌,徐钦,2013. Autodesk Revit Structure 实例详解 [M]. 北京：中国水利水电出版社.
廖小烽,王君峰,2013. Revit 2013/2014 建筑设计火星课堂 [M]. 北京：人民邮电出版社.
马骁,2015. BIM 设计项目样板设置指南：基于 REVIT 软件 [M]. 北京：中国建筑工业出版社.
王君峰,杨云,2013. Autodesk Revit 机电应用之入门篇 [M]. 北京：水利水电出版社.
谢尚贤,郭荣钦,庄明介,等,2016. 透过案例演练学习 BIM：应用篇 [M]. 台湾：台大出版中心.